华北典型盆地地区海绵城市建设模式研究——以长治市为例

侯精明　孙维全　孙学良　晁智龙 等　著

科学出版社

北京

内 容 简 介

　　本书针对华北典型盆地地区海绵城市建设中存在的地基基础、固废利用和可持续发展模式的问题，介绍海绵城市适应性工程及产业技术方法、建设管理和全域推广模式。首先，介绍长治市主城区湿陷性黄土力学特性和海绵城市设施黄土地层沉降对周边建筑的影响；其次，介绍煤矸石、煤气化渣及粉煤灰固废材料制备高抗压强度、高抗折强度、高抗拉强度的建筑材料和分子筛技术；最后，介绍以长治市为代表的资源枯竭型城市发展总体定位与产业结构化特征、海绵城市建设驱动产业绿色转型路径及效果评估、政策体系构建与保障机制，并提出长治市海绵城市建设及其驱动的产业发展策略。

　　本书可作为土木工程、水利工程、环境与市政工程、经济管理等领域的科研与技术人员的参考用书，也可供高等院校土木工程、环境与市政工程、城市规划与管理等相关专业的师生参考。

图书在版编目（CIP）数据

华北典型盆地地区海绵城市建设模式研究 ：以长治市为例 / 侯精明等著. -- 北京 ： 科学出版社，2025. 6. -- ISBN 978-7-03-081779-2

Ⅰ. TU984.22

中国国家版本馆 CIP 数据核字第 202518NN30 号

责任编辑：祝 洁 罗 瑶 / 责任校对：崔向琳
责任印制：徐晓晨 / 封面设计：陈 敬

斜 学 出 版 社 出版

北京东黄城根北街 16 号
邮政编码：100717
http://www.sciencep.com

北京建宏印刷有限公司印刷
科学出版社发行　各地新华书店经销

*

2025 年 6 月第 一 版　开本：720×1000　1/16
2025 年 6 月第一次印刷　印张：9 1/4
字数：185 000

定价：128.00 元
（如有印装质量问题，我社负责调换）

编写委员会

主　任：侯精明

副主任：孙维全

委　员：（按姓氏拼音排序）

晁智龙　陈光照　焦纬洲　雷贺仟　李冰雪

李东来　李文涛　刘乐乐　刘　洋　马　越

渠永平　佘芳涛　孙学良　汪　洋　王　添

周庆诗

前　言

随着我国经济步入高质量发展阶段，资源型城市面临着潜在的诸多挑战，海绵城市建设为资源型城市产业转型发展注入了新的活力，为构建"资源节约型"与"环境友好型"城市发展模式提供了新的思路。针对目前海绵城市建设遇到的工程技术、资源节约再利用和可持续发展模式等问题，本书系统介绍海绵城市建设湿陷性黄土力学特征、基于海绵城市理念的煤炭产业废料资源化利用方法和海绵城市建设驱动产业绿色转型路径的研究。

本书第一个特点是系统性，阐述华北典型盆地地区海绵城市高适应性工程建设方法、产业技术和全域推广模式，包括海绵设施类型与黄土地层三维湿陷变形及其防控方法、海绵城市建设与煤炭产业废料资源化利用有机结合，驱动城市产业绿色转型路径及保障机制。第二个特点是前沿性，本书内容紧随全国生态文明建设和经济转型的要求，为摆脱资源型城市生态与产业困境，提出建设海绵城市这一新的城市发展模式。第三个特点是实用性，本书涉及的研究成果不仅关注理论创新，而且提出一系列具有针对性和可操作性的策略建议，为资源型城市的发展提供切实有效的指导，为引导长期激励机制和支持保障措施提供重要的实践依据。

本书第1章重点介绍长治市主城区湿陷性黄土力学特性，包括湿陷系数预测和湿陷等级分布特征等；第2章重点介绍海绵城市设施黄土地层降雨入渗扩散特征、三维湿陷变形数值模拟方法、降雨入渗黄土地层沉降变形特征及其对周边建筑影响等级分布特征；第3章重点介绍煤矸石、煤气化渣及粉煤灰固废材料配方设计，从扩展度、凝结时间、抗压强度等多方面影响因素出发制备透水材料；第4~6章以长治市为研究范例，系统介绍海绵城市建设对重构城市经济产业的成效，提出政策体系构建与保障机制。

本书由侯精明组织撰写，孙维全负责整理工作，佘芳涛、刘乐乐和孙学良撰写第1章，佘芳涛、刘乐乐和晁智龙撰写第2章，焦纬洲、渠永平、李文涛和刘洋撰写第3章，汪洋、雷贺仟和孙学良撰写第4章，汪洋、雷贺仟和王添撰写第5章，汪洋、雷贺仟和孙维全撰写第6章。马越、周庆诗、李冰雪、李东来、陈光照等参与了书稿的整理工作，统稿由晁智龙、王添和李冰雪完成。

感谢西安理工大学旱区水工程生态环境全国重点实验室对本书出版的大力支持！感谢长治市住房和城乡建设局、中北大学、武汉大学、中规院(北京)规划设计有限公司、陕西省西咸新区沣西新城开发建设(集团)有限公司海绵城市技术中心对本书撰写工作的大力支持！本书相关研究在陕西省重点研发计划项目"洪涝灾害可持续管理关键技术及产业化"(2023GXLH-042)、长治市住房和城乡建设局委托科技项目"长治市海绵示范城市建设相关技术研究"共同资助下完成，在此一并表示感谢！

　　由于作者水平有限，书中难免存在不足之处，恳请读者提出宝贵意见和建议。

目　录

第1章 长治市主城区湿陷性黄土力学特性

1.1 湿陷性黄土试样采集与试验方法

长治市位于黄土高原的东南缘，该地区黄土以次生黄土为主，上部为马兰黄土(Q_3)，呈黄褐色，下部为离石黄土，呈棕红色。长治地区湿陷性黄土厚度差异较大，部分地区厚度在 3～5m，而某些局部区域厚度甚至超过了 10m。依据长治地区黄土分布情况，研究发现长治市主城区黄土覆盖层为具有湿陷性的马兰黄土(Q_3)，分布区域呈现长条状[1]。在典型低影响开发(LID)海绵城市设施(雨水花园、生态滞留草沟、砾石排蓄水层/滤层、人工渗井/管等)建设中，不可避免地会遇到浸水入渗的湿陷性黄土地层在其自重或者上部荷载作用下产生显著的湿陷变形。同时，黄土的原有结构遭到破坏，抗剪强度迅速降低，地基土体发生局部或整体破坏，导致地面上的建筑物产生开裂与破坏，这将给海绵城市建设设施周边的建筑物带来巨大危害[2]。因此，长治市湿陷性黄土特性研究是构建"资源节约型"与"环境友好型"城市发展模式的有力保障。

1.1.1 湿陷性黄土试样现场采集

试验用土取自山西省长治市潞州区安泽街口的野外场地，采用机械开挖取土探井取土，如图 1-1(a)所示，取土深度为 3～5m，试样为长方体原状土块，黄土

(a) 机械开挖取土探井   (b) 密封包装试验用土

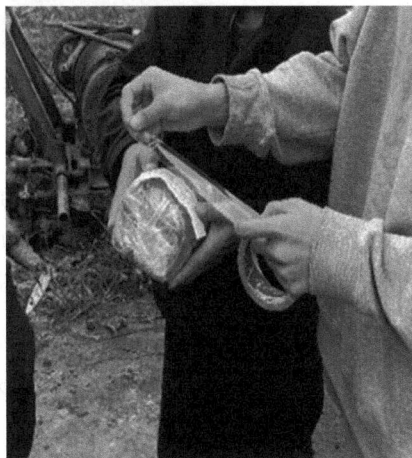

图 1-1 现场取土过程图

呈褐色，属粉质型黏土，质地较为密实。为了维持土样的完整性与原状性，试样用保鲜膜密封、塑料袋包裹，并用胶带封口后装入取样桶，如图1-1(b)所示。

1.1.2 湿陷性黄土物性指标测定方法

1. 含水率试验

土的物性与力学指标测定方法均依据《土工试验方法标准》(GB/T 50123—2019)[3]。首先，称量彻底清洗且干燥的烧杯质量，后称取5～10g待测含水率的黄土样放入烧杯中，称量烧杯加待测黄土样的总质量。其次，将其放入105～110℃的烘干箱中烘干至少8h，如图1-2所示。最后，称量完全烘干的土样质量。土样含水率计算公式为

$$w = \left(\frac{m_0}{m_d} - 1 \right) \times 100\% \qquad (1-1)$$

式中，w为土样的含水率(%)；m_d为干土质量(g)；m_0为土样质量(g)。

图1-2 土样烘干

2. 天然密度试验

土的密度试验采用环刀法。对于天然黄土，首先称量环刀的质量，其次用环刀取样，如图1-3所示，最后称量环刀和土样的总质量，由此可以计算试验土样的质量，直径79.8mm、高20mm的环刀容积为100cm³，天然密度公式、干密度公式分别为

$$\rho = \frac{m_0}{V} \qquad (1-2)$$

$$\rho_d = \frac{\rho}{1 + 0.01w} \qquad (1-3)$$

式中，ρ为土样天然密度(g/cm³)；ρ_d为干密度(g/cm³)；V为环刀容积(cm³)。

(a) 环刀取样过程　　　　　　　　　　　(b) 已取样

图 1-3　环刀取样

3. 比重试验

采用比重瓶法进行比重试验。首先，将土烘干、碾碎、过 2mm 筛，称取约 15g 的试样装入容积为 100mL 的比重瓶内，称量试样和比重瓶的总质量，准确至 0.001g。其次，注入蒸馏水约至比重瓶容积的一半，将比重瓶放入砂浴加热，如图 1-4 所示。再次，自悬液沸腾时算起，煮沸状态应持续 30min，待比重瓶及其内置悬液冷却后，向瓶中注满蒸馏水，此时称取比重瓶、水、试样总质量，同时测量当前温度。最后，根据测得温度，从校正关系曲线中查得比重瓶、水总质量。比重计算公式为

$$G_{\mathrm{s}} = \frac{m_{\mathrm{d}}}{m_{\mathrm{bw}} + m_{\mathrm{d}} - m_{\mathrm{bws}}} \times \frac{\rho_{\mathrm{w(m)}T}}{\rho_{\mathrm{w4}}} \tag{1-4}$$

式中，G_{s} 为土样的比重；m_{d} 为干土的质量(g)；m_{bw} 为比重瓶、水的总质量(g)；m_{bws} 为比重瓶、水、试样的总质量(g)；$\rho_{\mathrm{w(m)}T}$ 为温度为 T 时纯水的密度(g/cm³)；ρ_{w4} 为温度为 4℃时纯水的密度，$\rho_{\mathrm{w4}}=1.000$g/cm³。

(a) 比重瓶　　　　　　　　　　　　(b) 砂浴加热

图 1-4　比重试验过程

4. 液塑限联合测定试验

将准备好的大约 250g 的黄土样填入试样杯中，确保土样在试样杯内部填充均匀且无空隙，试样表面光滑平整，对较干的试样应充分搓揉，密实地填入试样杯中，填满后刮平表面。使用液塑限联合测定仪测定锥体的下沉深度，液塑限联合测定仪如图 1-5 所示。记录锥体下沉深度，测试完成后在杯内锥体下落处取 10g 左右土样，装入试样盒并进行烘干，测量其含水率。对土样进行增(减)湿处理，搅拌并静置一段时间使其内部水分分布均匀，通过增(减)湿处理制备不同含水率的黄土试样，重复上述试验步骤，测定其他两个含水率试样的锥体下沉深度。在双对数坐标轴上绘制含水率(横坐标)与锥体下落深度(纵坐标)之间的关系曲线，锥体下沉深度 17mm 对应的含水率为液限，锥体下沉深度 2mm 对应的含水率为塑限。根据式(1-5)和式(1-6)计算土样的塑性指数和液性指数：

$$I_p = w_L - w_p \tag{1-5}$$

$$I_L = \frac{w_0 - w_p}{I_p} \tag{1-6}$$

式中，I_p 为塑性指数；w_L 为液限(%)；w_p 为塑限(%)；I_L 为液性指数；w_0 为土样的实际含水率(%)。

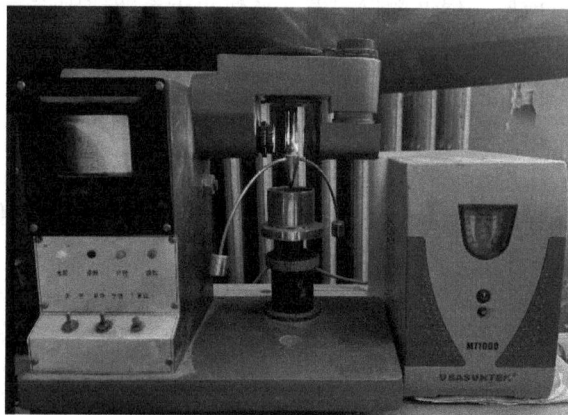

图 1-5　液塑限联合测定仪

1.1.3　湿陷性黄土力学指标测定方法

1. 单线法湿陷性试验

首先，在减少对试样扰动的情况下拆封原状试块，环刀内壁抹上凡士林后自上而下进行切削取样，将环刀试样放置在压缩盒内，按要求安装完成后，将百分表调零。其次，先对试样施加第一级荷载，待沉降稳定后再继续施加下一级荷载。

记录时间标准：加载某一级压力时，需每间隔 1h 对百分表进行读数，该级荷载稳定的依据为 1h 内的下沉深度不大于 0.01mm。最后，选取 5 个及以上试样在初始含水率条件下进行压缩固结试验，依次对各试样分别按规定荷载梯度进行加载，稳定后在附加压力下浸水饱和直至二次稳定。

2. 双线法湿陷性试验

首先，设置两对比组试样分别加载相同第一级压力，沉降稳定后将百分表调至一致。其次，将对比组中一个试样在初始含水率条件下分级加载至规定压力，待试样沉降稳定后在附加压力下浸水饱和至二次稳定。再次，将另一个对比组试样浸水饱和，待稳定加载下一级压力直至分级加荷到规定压力稳定时为止。最后，对两试样最终竖向沉降差值进行核算，两者差值不大于沉降量的 20%时，表示试验结果较为准确。

湿陷系数 δ_s 计算公式为

$$\delta_s = \frac{h_p - h_p'}{h_0} \tag{1-7}$$

式中，h_p 为初始含水率试样在一定级别压力下稳定后的高度；h_p' 为试样在浸水与附加压力作用下稳定后的高度；h_0 为试样的原始高度。

试验设备为 WG 型三联高压固结仪，如图 1-6 所示。先制取比标准环刀试样略大的土样试块，称重后计算出应加水量，对其进行分批次滴注水操作，以保证所加蒸馏水均匀浸润土体，加水完毕后置于保湿缸内静置至少 24h，保湿后制作相应含水率的环刀试样，并利用余土测定增湿后的试样含水率。选取山西长治地区原状土样，采用风干法与滴定法配制 5%、10%、15%、20%、25%、33%(饱和)的不同初始含水率试样。

图 1-6 WG 型三联高压固结仪

3. 常规三轴剪切试验

将现场取得的原状试块进行拆封，用削土刀将原状土样削至其能放进削样器中，再用削土刀沿着削样器壁将多余土削除，如图 1-7 所示，最终用三瓣膜包裹试样，将两头削平，得到一个直径为 39.1mm，高度为 80mm 的圆柱形试样。试样的初始含水率分别是 5%、10%、15%、20%、25% 与饱和，控制不同围压为 100kPa、200kPa、300kPa、400kPa，最终得到不同试验条件下的土样共 24 个。

图 1-7　常规三轴剪切试验仪器与试样制作

1.2　湿陷性黄土力学特性分析

依据《土工试验方法标准》(GB/T 50123—2019)中的试验方法，测定了长治市典型 Q_3 黄土天然密度、初始含水率、比重、塑限、液限等基本物性指标，并计算得到干密度、初始孔隙比、塑性指数及液性指数等指标。长治市典型 Q_3 黄土的天然密度为 1.63g/cm³，干密度为 1.36g/cm³，初始孔隙比为 0.987，初始含水率为 20%，液限为 37.6%，塑限为 23.2%，塑性指数为 14.4，液性指数为−0.22，土样的基本物理性质指标如表 1-1 所示。

表 1-1　土样的基本物理性质指标

天然密度 $\rho/(g/cm^3)$	干密度 $\rho_d/(g/cm^3)$	初始含水率 $w_0/\%$	比重 G_s	初始孔隙比 e_0	塑限 $w_p/\%$	液限 $w_L/\%$	塑性指数 I_p	液性指数 I_L
1.63	1.36	20	2.7	0.987	23.2	37.6	14.4	−0.22

1.2.1　基于单线法的黄土湿陷系数分析

黄土单线法湿陷试验试样采用初始含水率的原状黄土试样，湿陷压力分别为

100kPa、200kPa、300kPa 和 400kPa，再浸水至饱和形成湿陷变形。图 1-8 为单线法试验湿陷系数曲线。随着湿陷压力增大，湿陷系数先增大后减小，在 200kPa 湿陷压力下湿陷系数达到峰值，此时湿陷系数 δ_s 为 0.028。

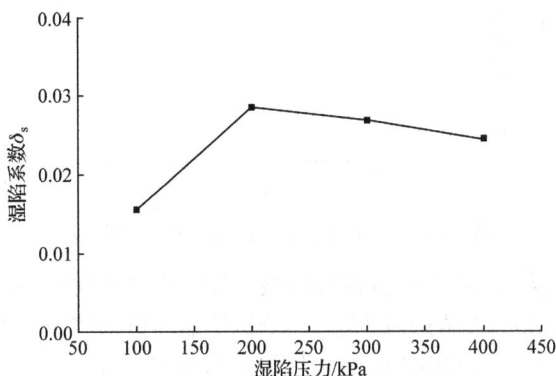

图 1-8　单线法试验湿陷系数曲线

1.2.2　基于双线法的黄土湿陷系数分析

图 1-9 为不同初始含水率的孔隙比-lg 压力(e-lg$p$)压缩曲线，可以看出，当试样上覆压力增大时，孔隙比减小的趋势各有不同。随着压力的增大，初始含水率越高，孔隙比减小得越多，说明湿陷性黄土初始含水率较低时，土骨架的结构稳定，强度较大，不易发生变形。随着初始含水率增大，压缩变形量增大，说明当初始含水率较大时，试样的结构不稳定。

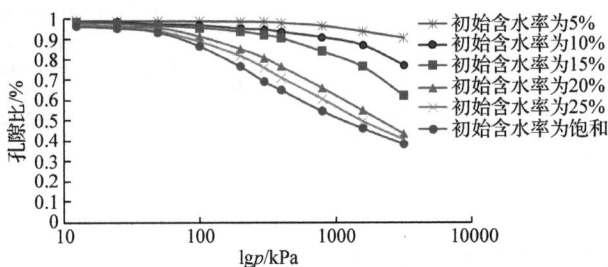

图 1-9　不同初始含水率的 e-lg$p$ 压缩曲线

黄土的压缩模量是描述黄土在承受荷载时发生变形的物理量，对于湿陷性黄土的特性，以及接下来的数值模拟参数确定有很大意义。图 1-10 为初始含水率与压缩模量关系曲线。由图可知，初始含水率与压缩模量之间有明显的指数函数关系，当初始含水率较小时，黄土结构较为稳定，压缩模量较大；相反，当初始含水率增大时，土颗粒间的摩擦力降低，土结构发生破坏，强度变低，压缩模量也就逐渐降低。

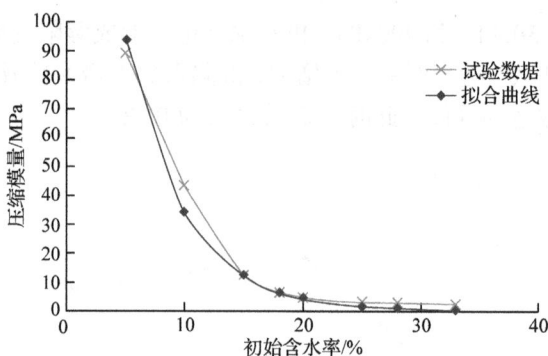

图 1-10　初始含水率与压缩模量关系曲线

通过不同初始含水率的 e-$\lg p$ 压缩曲线，计算得到不同初始含水率试样的压缩模量(压力为 200～300kPa 的压缩模量)，分析压缩模量随初始含水率的变化规律，如图 1-10 所示，可以看出压缩模量随孔隙比呈指数降低的趋势，建立数学关系：

$$E_{\mathrm{s}} = a_0 e^{-b_0} \tag{1-8}$$

式中，E_{s} 为压缩模量(MPa)；e 为孔隙比；a_0、b_0 为试验参数，$a_0=255$，$b_0=20$。

通过不同初始含水率的 e-$\lg p$ 压缩曲线，以及不同初始含水率的湿陷系数与压力关系曲线(图 1-11)，可以看出，试样上覆压力增大时，湿陷系数大多呈现先增大后减小的趋势，在一定压力下湿陷系数的最大值称为峰值，达到峰值处的压力称为峰值湿陷压力。随着初始含水率的增大，湿陷系数的峰值减小，说明当试样初始含水率较大时，水分浸入使湿陷量减少，从而导致湿陷系数降低。

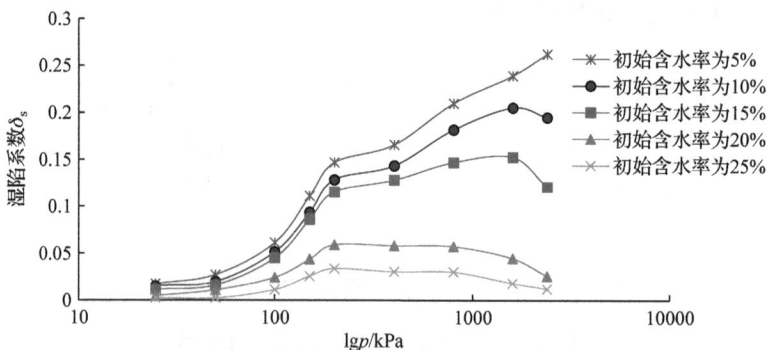

图 1-11　不同初始含水率的 δ_{s}-$\lg p$ 关系曲线

通过不同初始含水率的 δ_{s}-$\lg p$ 关系曲线，计算并得到初始含水率与湿陷系数关系曲线，如图 1-12 所示，可以看出随着初始含水率的增大，湿陷系数呈线性降低的规律，建立数学关系：

$$\delta_{\mathrm{s}} = -a_1 w + b_1 \tag{1-9}$$

式中，a_1、b_1 为试验参数，$a_1 = 0.565$，$b_1 = 0.181$。

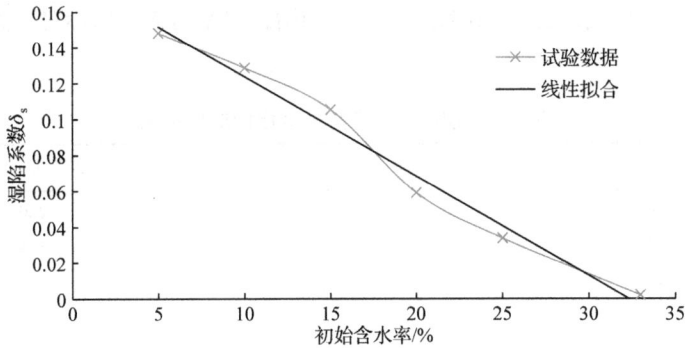

图 1-12　初始含水率与湿陷系数关系曲线

1.2.3　湿陷性黄土强度指标与初始含水率关系分析

图 1-13 为不同围压及不同初始含水率下的主应力差随轴向应变变化曲线,可以看出,当试样围压不变的情况下,初始含水率越低,试样抗变形的能力越强,主应力差的峰值也就越大。试样围压增大,不同初始含水率土样的主应力差也随之增大。

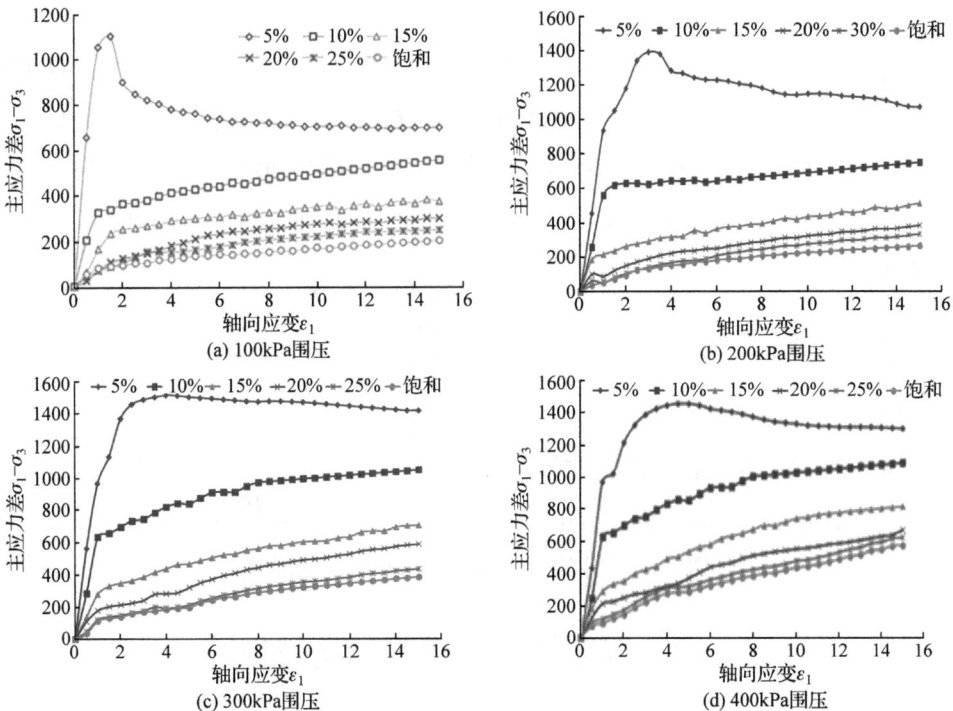

图 1-13　不同围压及不同初始含水率下的主应力差随轴向应变变化曲线

通过试验给定破坏条件下的大主应力与小主应力,绘制破坏时总应力莫尔圆,并得到抗剪强度包络线，依据包络线可以得到初始含水率与强度指标对应关系如表 1-2 所示。

表 1-2 初始含水率与强度指标对应关系

初始含水率 $w_0/\%$	内摩擦角 $\varphi/(°)$	黏聚力 c/kPa
5	34.69	220
10	32.39	126
15	30.34	82
20	29.26	62
25	26.00	50
饱和	25.94	31

通过不同初始含水率得出的强度指标，分析内摩擦角与黏聚力随初始含水率的变化规律，得到不同初始含水率与强度指标关系曲线，如图 1-14 所示。可以看出，黏聚力随初始含水率的增大呈指数降低的规律；内摩擦角随初始含水率的增大呈对数降低的规律，根据以上规律建立数学关系，拟合公式如式(1-10)、式(1-11)所示：

$$c = a_2 \omega_0^{-b_2} \tag{1-10}$$

$$\varphi = -a_3 \ln \omega_0 + b_3 \tag{1-11}$$

式中，a_2、b_2、a_3、b_3 为试验参数，$a_2 = 12.5$，$b_2 = 0.98$，$a_3 = 4.4$，$b_3 = 21.8$。

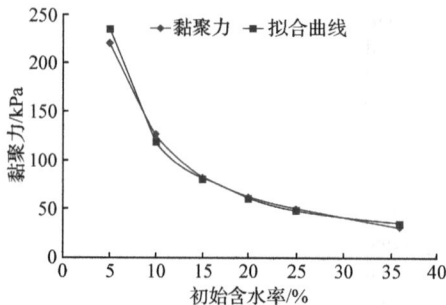

(a) 初始含水率与黏聚力拟合关系曲线　　(b) 初始含水率与内摩擦角拟合关系曲线

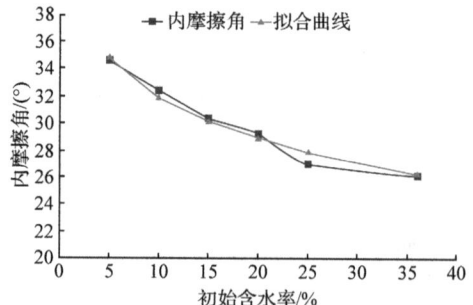

图 1-14 不同初始含水率与强度指标关系曲线

1.3 湿陷性黄土微观结构特征

湿陷性黄土的微观结构特征主要有土中元素特征、颗粒形状及粒径、孔隙结构、颗粒结构及联结方式等[4]。对不同角度的微观结构特征进行定性及定量的分析，可以从微观角度对湿陷性黄土的特性有进一步的认识，也能结合宏观试验结果反映出其力学特性。

1.3.1　土微观结构测试方法

扫描电镜(SEM)[5]是一种介于电子与光学之间的观察手段，原理是将高能量电子束打向试样，通过两者之间的相互作用激发试样的物理信息，从而使微观的图像清晰呈现，因此需要试样具有导电性，对于金属及金属含量较高的试样，可以直接进行扫描电镜试验；对于一些导电性弱或没有导电性的试样，在扫描电镜试验之前需要进行喷金，以提升其导电性。喷金仪器为离子镀膜仪，离子镀膜仪及喷金后试样如图 1-15 所示，其操作步骤如下：

(1) 将已编号的土样用导电胶布按一定的顺序粘贴在金属板上，再将其固定在离子镀膜仪内金属底座的中心位置处，保证试样充分电镀。

(2) 当试样于金属底座固定好后盖好仪器腔室盖，而后根据试样属性设置抽真空时间，对于黄土试样抽 2h 即可。

(3) 待真空度指示显示低于 10^{-1}Pa 后，分别按下 DISPLAY 和 START 键，当真空指示灯停止闪烁后，开始喷金，离子电流束控制在 40mA。

(4) 试样喷金结束后，迅速将喷金后的试样放入扫描电镜的真空室中，避免试样表面的金属与空气中的离子发生化学反应，使其导电性降低。

(5) 在真空室中继续抽取真空，待显示屏显示真空度小于 10^{-4}Pa 时抽真空结束，即可进行试样的观察。

试样经上述喷金操作后，立即放入扫描电镜的真空室中，待仪器抽真空后即可采用高能量电子束与试样相互作用，将试样表层微观结构信息以图像的形式传输到电脑端进行观察。

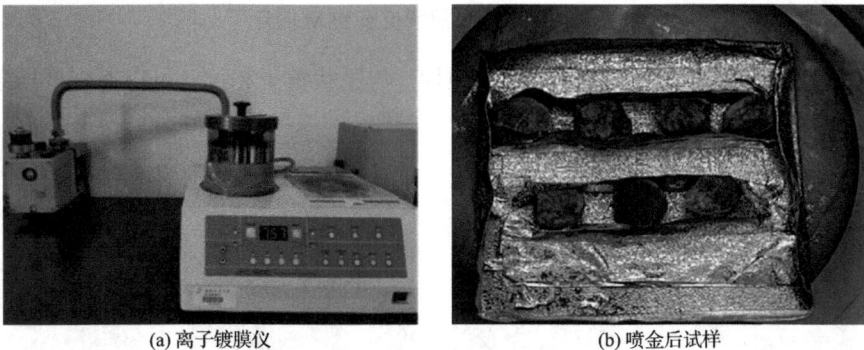

(a) 离子镀膜仪　　　　　　　　　　　　　　　(b) 喷金后试样

图 1-15　离子镀膜仪及喷金后试样

1.3.2　基于 SEM 的湿陷特征微观定性分析

图 1-16 为长治市原状黄土 SEM 照片，由图可知，在 200 倍放大倍数下可以

观察到原状黄土整体结构呈现出较为松散的状态,这是因为土粒之间的孔隙较多,且大孔隙占据绝大部分面积,架空结构较多;放大倍数提升后,能够清晰地看出小粒径颗粒的排列方式及表面孔隙的形状特征,主要表现为小颗粒分布在大颗粒附近且排列松散,孔隙形态较多,分布较为均匀,且大孔隙结构间的微粒及胶结物质较为清晰。

(a) 200倍   (b) 500倍

(c) 1000倍   (d) 2000倍

图 1-16　长治市原状黄土 SEM 照片

图 1-17 为单线法湿陷试样 SEM 照片。与原状黄土相比,可以发现低压条件

(a) 200倍   (b) 500倍

(c) 1000倍　　　　　　　　　　　(d) 2000倍

图 1-17　单线法湿陷试样 SEM 照片

下，原状黄土的表面由松散变得更加密实，土粒排列也更为紧密，大孔隙数量与其面积占比下降，且整体孔隙的分布与形态也从无序转变为有序。放大倍数提升后，发现土粒之间存在有序堆积的形态，孔隙数量下降明显，细长孔隙几乎消失，孔隙多以类圆状呈现，胶结物质在微结构中没有较大变化。

1.3.3　基于 SEM 的湿陷特征微观定量分析

当放大倍数较低时，可以清晰地看出土样表面的整体结构(孔隙与颗粒分布及排列状态)，分析也多从定性的角度进行；当放大倍数较高时，图像微观结构信息更为清晰，此时可以更加精确地对微粒形态、联结方式、孔隙特征等微观结构加以描述。因此，基于以上的土样定性分析结果，对 500 倍下的图像进行定量分析，此倍数下的图像不仅能展示土样整体结构的细部信息，也能有代表性地对颗粒粒径、孔隙大小及孔隙数量分布加以分析。试样的 SEM 照片是灰度的，二值化处理的过程中需要用阈值分割法，多次分析试样孔隙与颗粒之间的关系，才能确定最终的阈值，因此为了减少主观误差，将 3 次阈值的平均值作为确定值。以此将所选放大倍数下图像中的孔隙与颗粒进行量化，计算出粒度分布及孔隙分布与数量特征。

1. 土颗粒粒度分布特征

通常用微观图像的颗粒粒径来表达土颗粒的粒度分布特征，表 1-3 为不同试样土颗粒粒径占比的统计表，可将粒径区间划分为<1μm、1～1.5μm、1.5～2μm、2～2.5μm、2.5～3μm、3～3.5μm、3.5～4μm、4～10μm、10～20μm、>20μm 的等级。可以看出，无论是原状黄土还是湿陷后的黄土，颗粒粒径主要集中在<1μm，1～1.5μm 粒径占比次之，其余的颗粒粒径占比较低。然而，原状黄土湿陷后，各粒径颗粒占比发生了明显变化，粒径<1μm 与粒径>10μm 的颗粒均减少，粒径 2.5～10μm 的颗粒增加。这是因为湿陷试验后,试样的结构强度降低,>10μm 粒径的大颗粒(大团聚体)破碎,大颗粒转变成粒径 2.5～10μm 的中颗粒,同时在浸水塌陷挤压作用下<1μm 粒径的小颗粒黏聚成为粒径 2.5～10μm 的中颗粒(小团聚体)。

表 1-3 不同试样土颗粒粒径占比统计表

试样类别	不同粒径占比/%				
	<1μm	1～1.5μm	1.5～2μm	2～2.5μm	2.5～3μm
原状黄土	65.37	13.41	5.40	5.02	2.88
单线法	64.73	13.76	5.02	4.61	3.18
双线法(初始含水率 10%)	62.25	12.88	5.48	5.98	3.49
双线法(初始含水率 25%)	62.86	12.36	5.52	5.15	3.61

试样类别	不同粒径占比/%				
	3～3.5μm	3.5～4μm	4～10μm	10～20μm	>20μm
原状黄土	2.23	1.84	1.87	1.34	0.64
单线法	2.80	2.45	2.10	0.77	0.58
双线法(初始含水率 10%)	2.83	2.90	2.78	0.92	0.49
双线法(初始含水率 25%)	2.93	3.15	2.91	0.98	0.53

2. 孔隙分布特征

土体表露的孔隙分布特征包括不同孔隙的数量占比、孔隙形状及孔隙表面积等,表 1-4 为不同试样的孔隙分布表。根据统计孔径的大致分布情况,对其进行<2μm、2～8μm、8～32μm、>32μm 的等级划分,将其对应的孔隙分别定义为微孔隙、小孔隙、中孔隙、大孔隙四种类型,以便后续分析研究。

表 1-4 不同试样的孔隙分布表

试样类别	不同孔径的孔隙占比/%			
	<2μm	2～8μm	8～32μm	>32μm
原状黄土	42.21	35.60	16.58	5.61
单线法	46.67	35.29	14.37	3.67
双线法(初始含水率 10%)	58.90	28.87	10.39	1.84
双线法(初始含水率 25%)	56.52	30.80	11.27	1.41

表 1-4 显示了不同试样的孔隙分布，孔径>2μm 的孔隙表现为原状黄土的孔隙数量明显高于浸水压缩后的试样，通过表中数据发现，无论是原状黄土还是浸水压缩后的试样，微小孔隙的占比都是最多的；对比发现，湿陷试验后的土样，微孔隙的占比明显升高，小孔隙、大孔隙、中孔隙的占比随之降低，这说明在浸水压缩后，原先架空孔隙与大孔隙结构发生破坏，向微孔隙转变，一些微孔隙虽然在高压状态下被挤密消失，但在前者的影响下整体表现为占比增长的趋势。双线法试验后试样的这种转变更为突出。

1.4　长治市主城区黄土湿陷系数预测方法

影响黄土湿陷性的因素很多，包括内部因素和外部因素两类。前者主要指土体的自身结构特征及其化学、矿物成分等，后者则是水的侵入和外部荷载作用等[6]。依据长治市主城区黄土地层分布及其物理性质指标数据的统计，分析黄土湿陷系数与取土深度、土体初始含水率、土粒比重、天然密度、干密度、饱和度、孔隙比、液限、塑限、塑性指数、液性指数、压缩模量等参数之间的关系。

1.4.1　黄土湿陷系数随地层物性指标变化规律

(1) 黄土湿陷系数与取土深度的关系。图 1-18 为黄土湿陷系数与取土深度的关系。从图中可以看出，随着取土深度增加，黄土湿陷系数逐渐减小，减小至一定取土深度处，湿陷性消失，黄土湿陷系数与取土深度呈负相关关系。

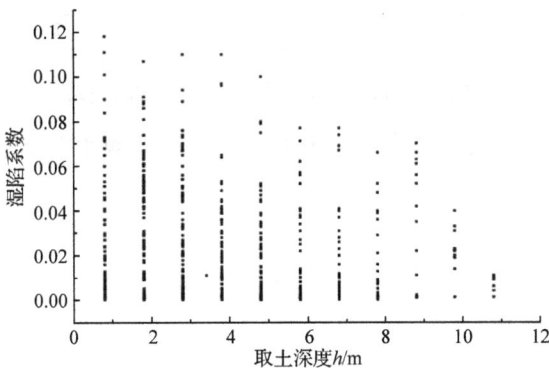

图 1-18　黄土湿陷系数与取土深度的关系

(2) 黄土湿陷系数与含水率的关系。图 1-19 为黄土湿陷系数与含水率的关系。从图中可以看出，随着含水率的增加，黄土湿陷系数逐渐减小，黄土湿陷系数与含水率呈负相关关系。

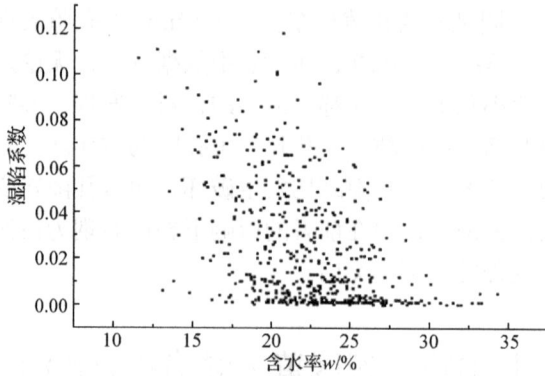

图 1-19　黄土湿陷系数与含水率的关系

(3) 黄土湿陷系数与土粒比重的关系。图 1-20 为黄土湿陷系数与土粒比重的关系。从图中可以看出，黄土的土粒比重集中在 2.70～2.73，黄土湿陷系数与土粒比重相关程度较低。

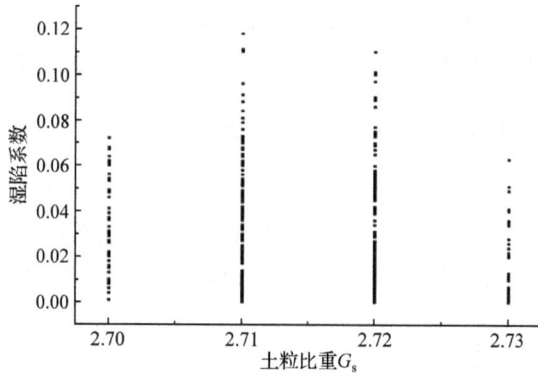

图 1-20　黄土湿陷系数与土粒比重的关系

(4) 黄土湿陷系数与天然密度的关系。图 1-21 为黄土湿陷系数与天然密度的

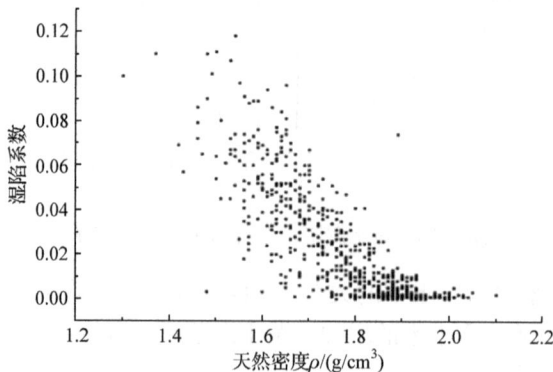

图 1-21　黄土湿陷系数与天然密度的关系

关系。从图中可以看出，黄土湿陷系数与天然密度之间呈现出比较明显的负相关关系，即随着天然密度的增大，黄土湿陷系数逐渐减小。

(5) 黄土湿陷系数与干密度的关系。图 1-22 为黄土湿陷系数与干密度的关系。从图中可以看出，黄土湿陷系数与干密度之间呈现出比较明显的负相关关系，即随着干密度的增大，黄土湿陷系数逐渐减小。

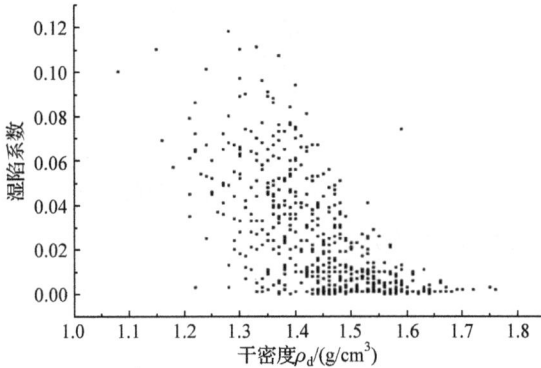

图 1-22　黄土湿陷系数与干密度的关系

(6) 黄土湿陷系数与饱和度的关系。图 1-23 为黄土湿陷系数与饱和度的关系。从图中可以看出，黄土的饱和度越小，其湿陷系数就越大，即黄土湿陷系数和饱和度呈现出负相关关系。当饱和度大于 80% 时，黄土湿陷系数基本上在 0.015 以下。

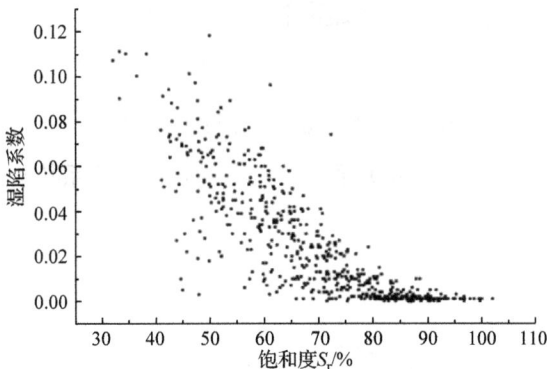

图 1-23　黄土湿陷系数与饱和度的关系

(7) 黄土湿陷系数与孔隙比的关系。图 1-24 为黄土湿陷系数与孔隙比的关系。从图中可以看出，黄土孔隙比增大，黄土的湿陷系数随之增大，即黄土湿陷系数与其孔隙比呈正相关变化关系。当孔隙比小于 0.8 时，黄土的湿陷系数基本上在 0.015 以下。

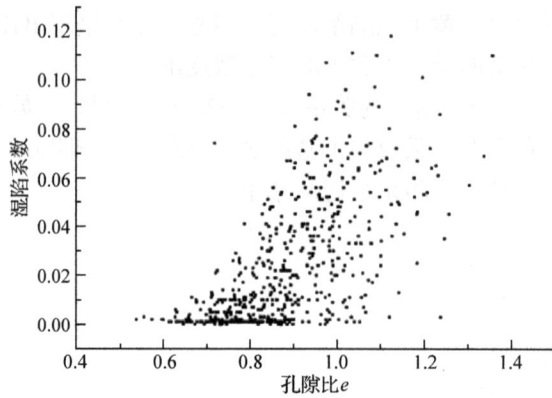

图 1-24　黄土湿陷系数与孔隙比的关系

(8) 黄土湿陷系数与液限的关系。图 1-25 为黄土湿陷系数与液限的关系。从图中可以看出,黄土的湿陷系数与液限的相关程度较低,黄土的液限集中在 25%～35%。

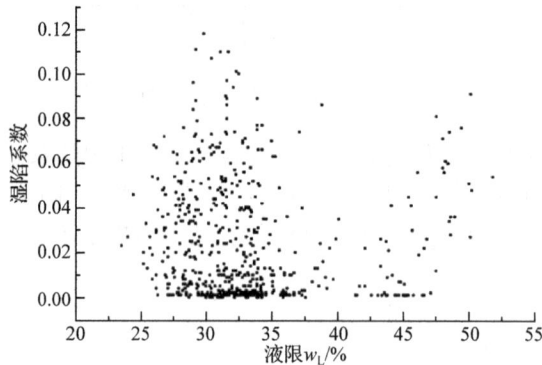

图 1-25　黄土湿陷系数与液限的关系

(9) 黄土湿陷系数与塑限的关系。图 1-26 为黄土湿陷系数与塑限的关系。从图

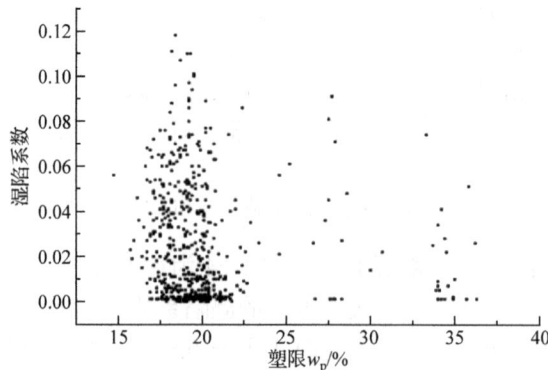

图 1-26　黄土湿陷系数与塑限的关系

中可以看出,黄土的湿陷系数与塑限的相关程度较低,黄土的塑限集中在15%～22%。

(10) 黄土湿陷系数与液性指数的关系。图 1-27 为黄土湿陷系数与液性指数的关系。从图中可以看出,液性指数有正有负,当液性指数为负值时,湿陷系数一般较大；当液性指数为正值时,湿陷系数一般较小；当液性指数大于 1.0 时,黄土基本上失去了湿陷性。湿陷系数与液性指数呈现负相关性。

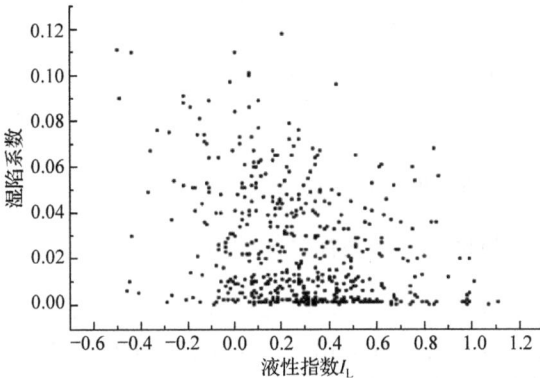

图 1-27　黄土湿陷系数与液性指数的关系

(11) 黄土湿陷系数与塑性指数的关系。图 1-28 为黄土湿陷系数与塑性指数的关系。从图中可以看出,黄土湿陷系数与塑性指数呈现负相关性,但相关程度较低,黄土的塑性指数主要集中在 9～15,说明长治地区的黄土为粉质黏土。

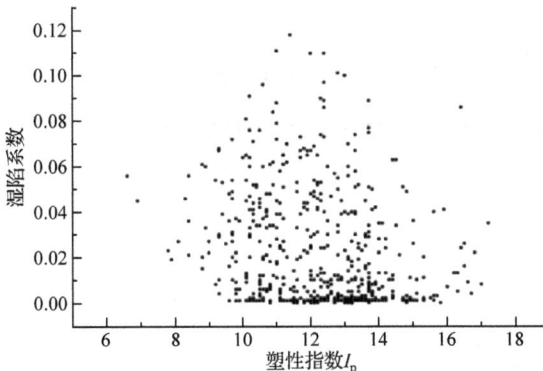

图 1-28　黄土湿陷系数与塑性指数的关系

(12) 黄土湿陷系数与压缩模量的关系。图 1-29 为黄土湿陷系数与压缩模量的关系。从图中可以看出,黄土湿陷系数与压缩模量之间的数据较为离散,即湿陷系数与压缩模量没有明显的相关性。这是因为该压缩模量均为饱和土样的压缩模量,而不是初始含水率下黄土的压缩模量。因此,饱和土压缩模量与湿陷系数关系不明显。

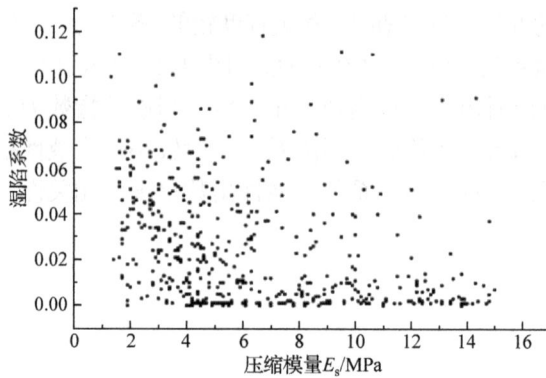

图 1-29 黄土湿陷系数与压缩模量的关系

1.4.2 黄土湿陷系数与地层物性指标之间的数学关系

根据前面湿陷系数与各物性指标的关系可知，黄土的湿陷系数与塑性指数、液性指数、饱和度、含水率呈现负相关，与孔隙比呈现正相关。在此基础上，构建综合物理量 K 表达式如式(1-12)所示，综合物理量 K 与湿陷系数的关系如图 1-30 所示，呈现线性关系，拟合公式如式(1-13)所示：

$$K = \frac{e}{G_s \times I_p \times S_r \times w \times \exp(I_L)} \tag{1-12}$$

式中，e 为孔隙比；G_s 为土粒比重；S_r 为饱和度；w 为含水率；I_p 为塑性指数；I_L 为液性指数。

$$\delta_s = a_K K + b_K \tag{1-13}$$

式中，a_K、b_K 为试验参数，a_K 为 0.23，b_K 为 0.0085。

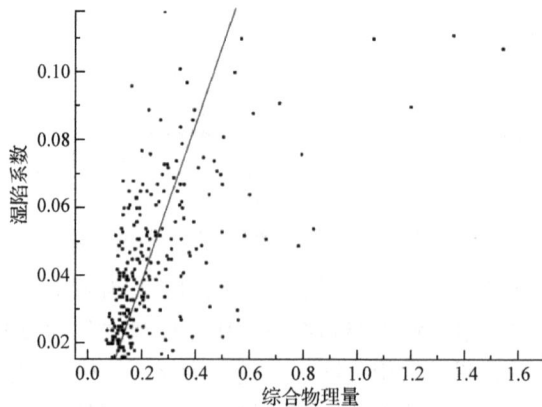

图 1-30 综合物理量与湿陷系数的关系

1.5 长治市主城区黄土场地湿陷等级分布特征

《长治市海绵城市改造工程项目勘察(湿陷性)报告》[7]包含 44 个典型场地勘察资料。长治市主城区黄土地层湿陷性相关参数统计数据分析内容包括典型场地湿陷系数、平均湿陷系数、场地湿陷量、场地湿陷等级(依据国家标准《湿陷性黄土地区建筑标准》(GB 50025—2018))、场地湿陷等级(依据地方标准《湿陷性黄土场地勘察及地基处理技术规范》(DBJ04/T 312—2015))及地下水位等相关参数,如附录 A 表 A-1 所示。由表 A-1 可知,最大湿陷系数为 0.118,场地湿陷量在 10.0～742.3mm。依据《湿陷性黄土地区建筑标准》(GB 50025—2018)将场地湿陷等级分为 Ⅰ、Ⅱ、Ⅲ 三个等级,长治市 Ⅰ 级湿陷场地的平均湿陷系数变化范围在 0.021～0.195, Ⅱ 级湿陷场地的平均湿陷系数变化范围在 0.035～0.073,Ⅲ 级湿陷场地的平均湿陷系数为 0.091。依据典型场地勘察资料统计分析结果可得,长治市 Ⅰ 级湿陷场地的平均湿陷系数变化范围在 0.015～0.03,取 0.03 为湿陷系数进行数值计算; Ⅱ 级湿陷场地的平均湿陷系数变化范围在 0.03～0.07,取 0.07 为湿陷系数进行数值计算, Ⅲ 级湿陷场地的平均湿陷系数变化范围在 0.07～0.10,取 0.10 为湿陷系数进行数值计算。

依据对长治市主城区 44 个典型场地的黄土地层湿陷性相关参数、地层分布特征、物理性质指标等数据的统计分析,以主干道道路为界线,可将长治市主城区划分为 50 个区域,每个区域分界点坐标与湿陷等级如附录 B 表 B-2 所示。长治市主城区湿陷等级整体分布呈现为东南区域场地湿陷等级较大,西北区域湿陷等级较小的分布特征。

长治市东部为老顶山、卢医山等山系,西部为漳泽湖及其上下游水系,使其主城区高程分布呈现出东南区域高、西北区域低的走势。主城区典型场地的黄土按照沉积时代和成因类型自上而下依次分为第四系全新统人工堆填层、第四系全新统冲洪积层、第四系上更新统冲洪积层等。

本章依据《长治市海绵城市改造工程项目勘察(湿陷性)报告》,统计分析了场地地点名称与坐标、地层分布、地下水位、基本物性指标、湿陷地层厚度、湿陷系数、场地湿陷量、场地评价等级等相关参数。黄土的湿陷系数与塑性指数、液性指数、饱和度、含水率的增大呈现负相关,与孔隙比呈现正相关,在此基础上,构建综合物理量 K,并建立综合物理量与湿陷系数的数学关系,提出了长治主城区黄土湿陷系数计算模型。

参 考 文 献

[1] 黄键. 山西长治地区湿陷性黄土试验数据的线性判别及回归分析[J]. 铁道勘察, 2016, 42(2): 40-42.

[2] 马越, 胡志平, 姬国强, 等. 湿陷性黄土地区海绵城市建设雨水渗蓄风险防控若干问题探讨[J]. 给水排水, 2020, 56(9): 70-77, 92.

[3] 中华人民共和国水利部. 土工试验方法标准: GB/T 50123—2019[S]. 北京: 中国计划出版社, 2019.

[4] 范文, 魏亚妮, 于渤, 等. 黄土湿陷微观机理研究现状及发展趋势[J]. 水文地质工程地质, 2022, 49(5): 144-156.

[5] 凌妍, 钟娇丽, 唐晓山, 等. 扫描电子显微镜的工作原理及应用[J]. 山东化工, 2018, 47(9): 78-79, 83.

[6] 侯建. 湿陷性黄土地基湿陷机理及地基处理方法[J]. 山西建筑, 2015, 41(29): 61-62.

[7] 山西省第二建筑设计院. 长治市海绵城市改造工程项目勘察(湿陷性)报告[R]. 2021-07-01.

第 2 章　海绵城市设施黄土地层沉降对周边建筑的影响

2.1　海绵城市设施黄土地层降雨入渗扩散特征

2.1.1　黄土地层三维渗流数值模拟方法

1. 三维渗流数值模型

以典型的海绵城市设施下沉式绿化带为研究对象，结合建筑物基础的实际情况，在商业数值软件中建立三维数值模型，借助 CAD 软件绘图后，将图形参数导入商业数值软件中得到几何模型。三维数值模型如图 2-1 所示，模型整体尺寸为 46.5m×30m×18m($x \times y \times z$)，计算网格单元数量共 29460 个，节点数量共 32147 个。其中，下沉式绿化带长度 30m，宽度 1.5m，下凹深度 1m，下凹坡比 1∶1；建筑物基础长 30m，宽 15m，高 2m。模型土层分为两种，下沉式绿化带下 0.5m 范围内为种植土层，结构疏松，其余为长治市湿陷性黄土，天然状态下呈现非饱和状态。依据《海绵城市建设评价标准》(GB/T 51345—2018)[1]的要求，设置下沉式绿化带边缘与建筑物基础的安全距离为 3m。

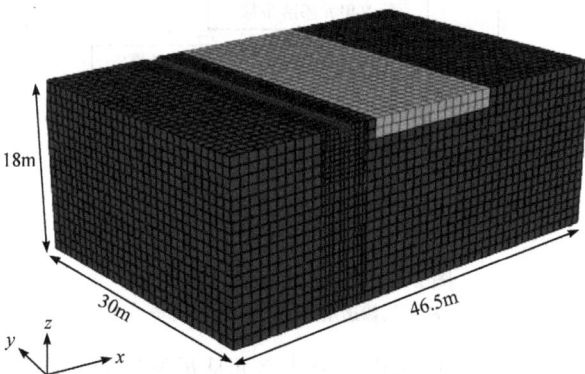

18m

30m　　　　　　　46.5m

图 2-1　三维数值模型

2. 降雨入渗模拟方法

基于非饱和土理论，对商业数值软件进行二次开发，以实现该软件的非饱和渗流模拟计算[2]，具体方法如下：

(1) 对流体的抗拉强度进行赋值，实现单元流出流量大于流入流量，进而形成负压区域。根据实际情况将饱和度设置在 0～1，此时为非饱和状态，软件会将初始孔隙压力设为 0。

(2) 通过施加降雨单宽流量，输入命令 gp_sat(zpnt)，寻找节点的饱和度，计算单元平均饱和度及单元上所有节点的平均饱和度，然后通过相关公式获得单元的负孔隙水压力。

(3) 通过负孔隙水压力，代入相关公式获取实时的渗透系数，并修改负压区域内单位的渗透系数，即对非饱和区域的渗透系数进行了修正。

根据以上 3 个步骤就可实现商业数值软件中模拟降雨条件下的非饱和渗流计算，其流程如图 2-2 所示。

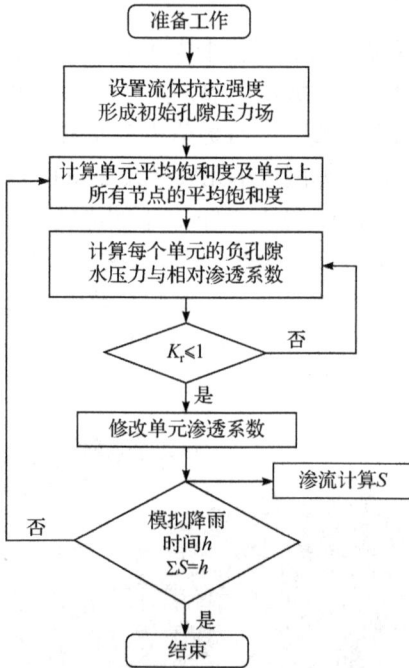

图 2-2 非饱和渗流计算流程图

K_r-相对渗透系数；S-渗流计算时步

降雨入渗属于一个动态的过程，土体表面从最开始的非饱和状态，到后来的饱和-非饱和入渗，最后转变为饱和渗流状态。地面径流前，当降雨强度小于土体的渗透系数时，雨水下渗量就由降雨强度决定，反之就由土体的渗透系数决定；地表产流后，土体表层达到饱和，雨水下渗量就由土体本身的渗透系数决定[3]。

在商业数值软件中降雨入渗边界条件有如下三种情况：

(1) 固定流量入渗边界，即设置流体入渗的速度，且流体均入渗到土体中。

(2) 固定压力入渗边界，降雨过程中表面基质吸力为 0，根据土体渗透系数计算出土体的雨水下渗量。

(3) 渗漏入渗边界设置为降雨强度与土体入渗率峰值之间的最小值。

基于以上分析与不同的边界条件，在地表产流前边界条件设置为降雨强度，在地表产流后，边界条件设置为一定压力，并将土体表面基质吸力设置为 0，以此方法实现软件模拟降雨入渗的功能。

3. 降雨强度边界条件设置

雨量等级按照降雨强度分为中雨、大雨、暴雨、大暴雨[4]，取每种雨量等级下降雨强度的最大值来计算渗透通量，由此计算的表层单宽流量如表 2-1 所示，利用软件渗流模块中的 "APPLY PWELL+单宽流量" 命令将降雨强度作用到地层入渗表面，再通过 "SET FLUID AGE+入渗时间" 命令，对不同降雨强度与历时条件下的入渗规律进行分析。

表 2-1　雨量等级、降雨强度与表层单宽流量对应表

雨量等级	降雨强度/(mm/d)	表层单宽流量/(m²/s)
中雨	25	2.89×10^{-5}
大雨	50	5.79×10^{-5}
暴雨	100	1.16×10^{-4}
大暴雨	250	2.89×10^{-4}

4. 数值计算参数与方案

根据长治市土样的室内试验以及勘察资料，确定了渗流土层、下沉式绿化带及建筑基础的模型计算参数，如表 2-2 所示，主要包括物理力学参数与材料参数。渗流模拟要保证尽量贴合降雨的实际入渗过程与特征，在数值计算时要严格控制边界条件、降雨入渗过程和计算过程。

表 2-2　模型计算参数设置表

土壤种类	重度 γ/(kN/m³)	压缩模量 E_s/MPa	弹性模量 E/MPa	内聚力 c/kPa	内摩擦角 φ/(°)	渗透系数 K/(m/s)
渗流土层	16.8	9.93	29.8	28	26.2	3×10^{-4}
下沉式绿化带	17.5	5.67	17	29	26	1.7×10^{-3}
建筑基础	22.0	6667	20000	—	—	—

结合长治市历年降雨资料，本节降雨入渗模拟按照降雨强度分为四种工况：工况一降雨强度为 25mm/d；工况二降雨强度为 50mm/d；工况三降雨强度为100mm/d；工况四降雨强度为 250mm/d，降雨持续时间分别取 6h、12h、18h、24h、36h、48h。

2.1.2 黄土地层降雨入渗扩散范围

根据中国气象局的雨量等级划分标准，可以大致将降雨按照 1d(或 24h)的降雨量分为以下七类：微量降雨(零星小雨)为降雨量<0.1mm，小雨为降雨量在0.1~9.9mm，中雨为降雨量在 10~24.9mm，大雨为降雨量在 25~49.9mm，暴雨为降雨量在 50~99.9mm，大暴雨为降雨量在 100~249.9mm，特大暴雨为降雨量在 250mm 以上。入渗流量可根据降雨量与汇水面积的关系计算，如式(2-1)所示：

$$Q = q \times A_{\mathrm{L}} \tag{2-1}$$

式中，Q 为入渗流量($\mathrm{m^3/s}$)；q 为降雨强度(m/s)；A_{L} 为汇水面积($\mathrm{m^2}$)。

本小节参照中雨、大雨、暴雨、大暴雨的划分标准，近似取 24h 降雨量的最大值作为降雨强度来计算表层渗透通量，结果如表 2-3 所示。

表 2-3 雨量等级、降雨强度与表层渗透通量对应关系

雨量等级	降雨强度/(mm/d)	表层渗透通量/(m³/s)
中雨	25	2.89×10^{-5}
大雨	50	5.79×10^{-5}
暴雨	100	1.16×10^{-4}
大暴雨	250	2.89×10^{-4}

分别模拟了四个雨量等级(中雨、大雨、暴雨、大暴雨)、六个入渗历时(6h、12h、18h、24h、36h、48h)、四类下垫层渗透系数(5×10^{-3}cm/s、5×10^{-4}cm/s、5×10^{-5}cm/s、5×10^{-6}cm/s)工况下的黄土地层降雨入渗扩散范围。当下垫层黄土饱和渗透系数为 5×10^{-5}cm/s、5×10^{-6}cm/s 时，四个雨量等级降雨强度下降雨入渗深度有限，湿陷可能性较小，由于黄土饱和渗透系数通常小于 5×10^{-3}cm/s，因此研究下垫层饱和渗透系数为 5×10^{-4}cm/s 的黄土地层降雨入渗扩散范围更加具有实际意义。图 2-3~图 2-6 为下垫层渗透系数取 5×10^{-4}cm/s 时不同雨量等级、不同历时下的黄土地层入渗扩散云图。随着降雨强度的增大，降雨渗流通量随入渗历时保持不变(由饱和黄土最大渗透系数决定)，此时下沉式绿化带将会有

大量积水，静水压力增大，水平渗透距离增大。在下垫层黄土渗透系数为 5×10^{-4}cm/s 时，中雨入渗 48h 以内入渗范围未达到基础底部，基础处于安全状态。当大雨入渗历时大于等于 36h、暴雨入渗历时大于等于 24h、大暴雨入渗历时大于等于 18h 时，入渗范围均已抵达基础底部，有湿陷变形导致基础破坏的可能性。

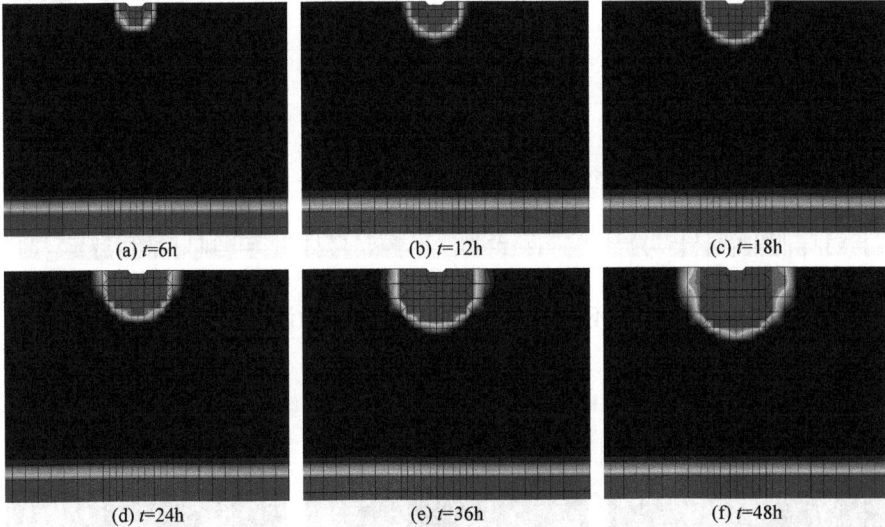

図 2-3　中雨条件下不同入渗历时的湿陷可能区域(渗透系数 5×10^{-4}cm/s)

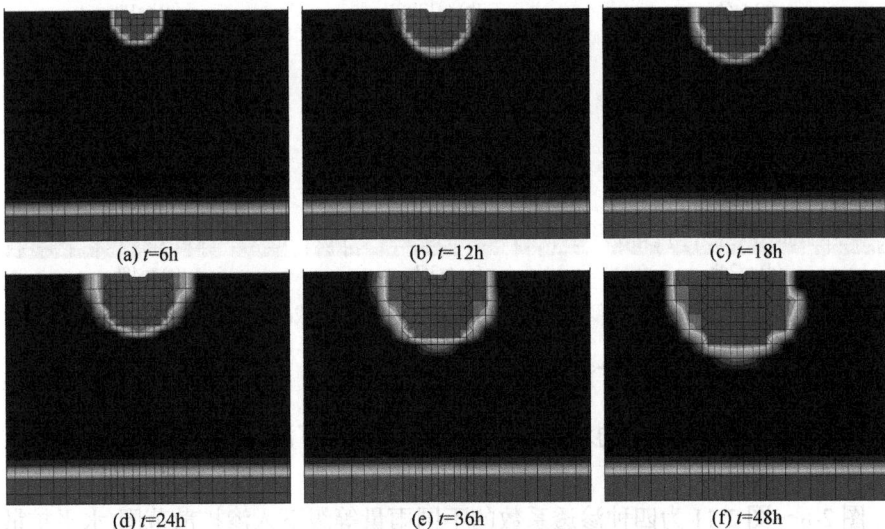

図 2-4　大雨条件下不同入渗历时的湿陷可能区域(渗透系数 5×10^{-4}cm/s)

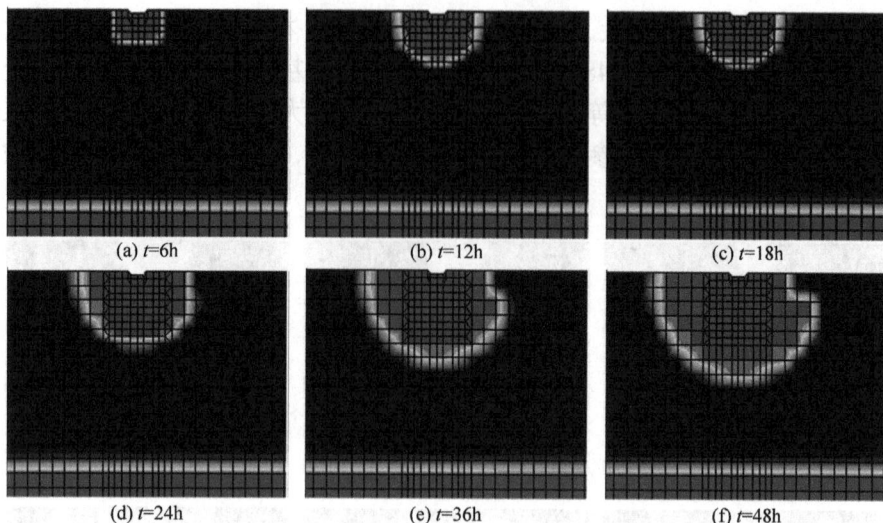

(a) t=6h   (b) t=12h   (c) t=18h

(d) t=24h   (e) t=36h   (f) t=48h

图 2-5　暴雨条件下不同入渗历时的湿陷可能区域(渗透系数 $5×10^{-4}$cm/s)

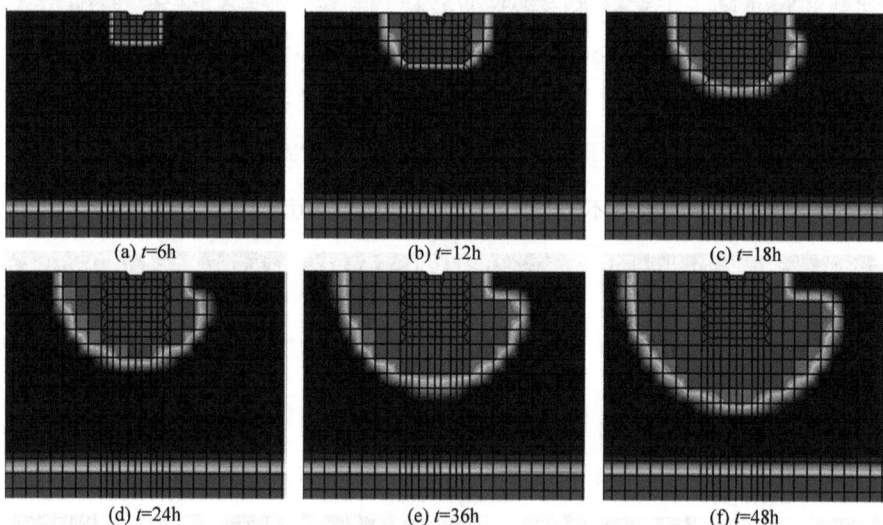

(a) t=6h   (b) t=12h   (c) t=18h

(d) t=24h   (e) t=36h   (f) t=48h

图 2-6　大暴雨条件下不同入渗历时的湿陷可能区域(渗透系数 $5×10^{-4}$cm/s)

2.1.3　下沉式绿化带入渗扩散特征

距下沉式绿化带边缘的水平扩散距离为 L_D，距下沉式绿化带底部的竖向扩散深度为 h_D，如图 2-7 所示。

图 2-8～图 2-11 为四种渗透系数的不同雨量等级下入渗扩散范围(水平扩散距离与竖向扩散深度)，可以看出，不同下垫层条件下中雨、大雨、暴雨、大暴雨在入渗历时为 6h 内，下沉式绿化带海绵设施水平扩散距离均小于 3m。因此，《海

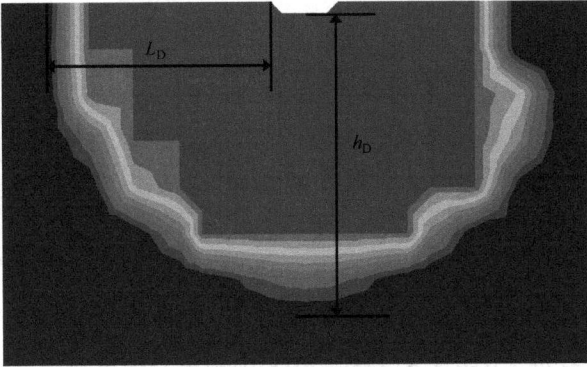

图 2-7　水平扩散距离与竖向扩散深度示意图

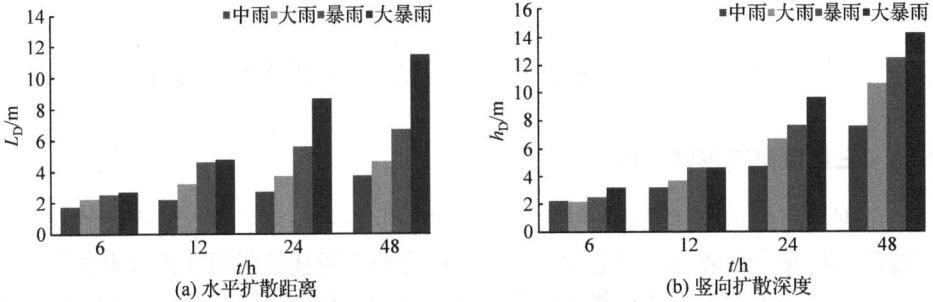

图 2-8　不同雨量等级的入渗扩散范围(渗透系数 5×10^{-3} cm/s)

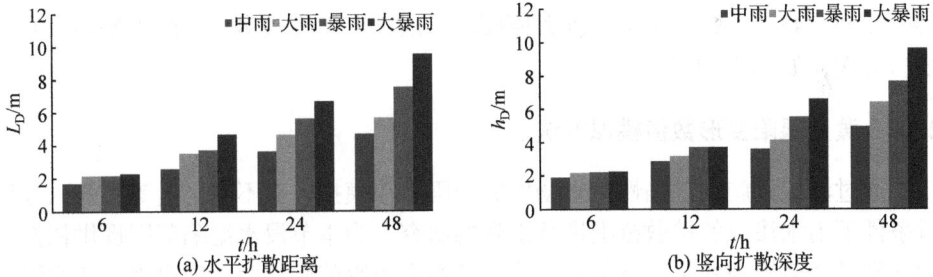

图 2-9　不同雨量等级的入渗扩散范围(渗透系数 5×10^{-4} cm/s)

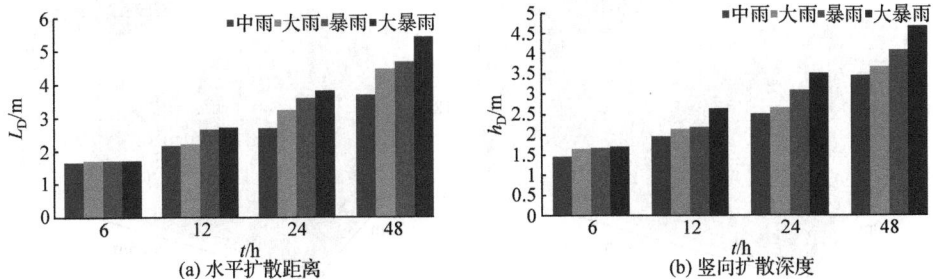

图 2-10　不同雨量等级的入渗扩散范围(渗透系数 5×10^{-5} cm/s)

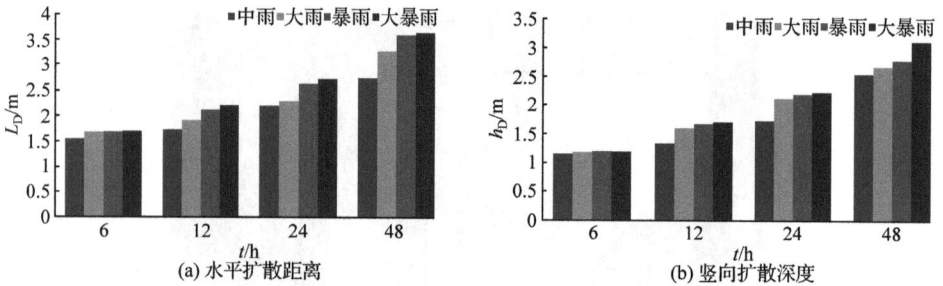

图 2-11　不同雨量等级的入渗扩散范围(渗透系数 5×10⁻⁶cm/s)

绵城市建设评价标准》(GB/T 51345—2018)中规定海绵设施相对于邻近建筑物设防距离为 3m 是合理的。

2.2　黄土地层三维湿陷变形数值模拟方法

2.2.1　三维湿陷变形数值模型

依据《海绵城市建设评价标准》(GB/T 51345—2018)里海绵城市设施建设需邻近建筑物安全距离 3m 以上的要求,再结合前文所述的降雨入渗计算结果,按照水平 3m、竖向 3m 的渗透扩散范围要求,选取地层湿陷三维数值模型,即中雨 36h、48h,大雨 18h、24h、36h、48h,暴雨 12h、18h、24h、48h,大暴雨 12h、18h、24h、48h,共计 14 个三维数值模型,因工况模型较多,在此以暴雨下渗流模型为例,如图 2-12 所示。

2.2.2　黄土湿陷变形数值模拟方法

通过海绵设施在湿陷性黄土场地的降雨入渗模拟,对不同雨量等级与入渗历时条件下雨水渗流的扩散范围进行细致的研究,为本节浸水湿陷范围提供依据。同样借助数值模拟的手段将黄土湿陷机理在商业数值软件中体现出来,研究海绵

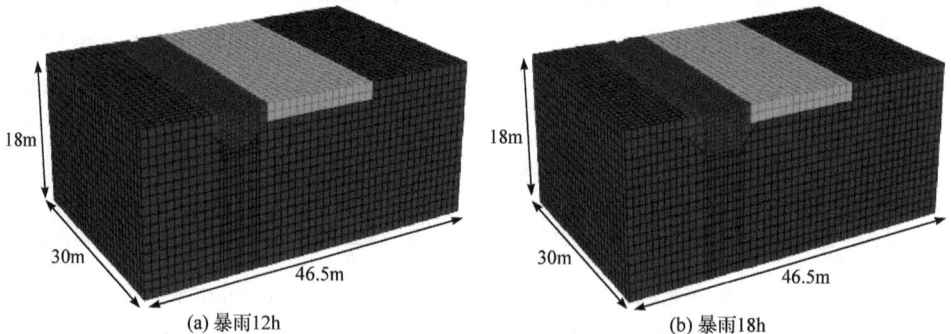

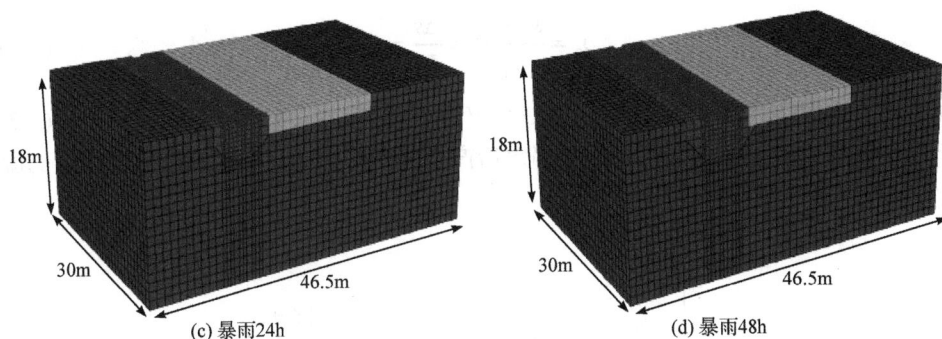

图 2-12　三维数值模型

设施降雨入渗后黄土地层的湿陷变形特性及其对邻近建筑物基础的影响，为评价建筑物基础破坏阈值提供依据。

1. 黄土湿陷变形计算理论

现有的有关地层湿陷的数值模拟理论有本构模型法、容重增量法、水力法、单元体消除法等[5]。先前对于建筑物基础的湿陷变形，主要研究在其自重及附加应力作用下浸水后基础的竖向沉降变形，在模拟计算时只考虑流体入渗引起的容重增量及入渗范围内单元模量的变化，而没有将模量变化导致的强度改变考虑在内，且以往的数值计算中模量的改变都是依据经验用折减系数计算得出的，难以反映不同地区与工程实际情况下土层的湿陷变形[6]。因此，在考虑海绵设施浸水后对邻近建筑物基础的影响中，不仅要考虑浸水后土体模量衰减造成的湿陷变形，而且要考虑土体重度与强度变化造成的土层应力增大问题。

基于以上分析，对海绵设施入渗引起黄土地层湿陷进行模拟计算时，将模量折减与强度折减均考虑在内，关键在于反映了湿陷区域土层实际应力下的附加变形，更合理地选取了湿陷模拟的计算参数。在考虑海绵设施浸水后对邻近建筑物基础的影响中，模拟计算先得出实际条件下地层应力场的分布，然后对湿陷范围内单元的参数进行修正来模拟地层湿陷沉降，以此研究对邻近建筑物的影响。

在数值模拟中，材料的模量是指其模型刚度，用于衡量应力状态下模型的抗变形能力。黄土地层湿陷模拟时，材料模量对最终湿陷变形的沉降位移有很大影响[7]。因此，浸水前后的湿陷沉降量为地层湿陷变形的关键，按照双线法湿陷试验，可以利用原状黄土与饱和黄土两种状态下的应力之差来模拟地层浸水的湿陷沉降量[8]。

图 2-13 是双线法测定的 δ_s-$\lg p$ 及 e-$\lg p$ 曲线，土样的初始高度为 H，相应的初始孔隙比为 e_0。在荷载压力下，将原始土样的压缩变形量记作 s_2，饱和土样的压缩变形量记作 s_1，用两种状态下变形量的差值 (Δs) 和土样初始高度的比值定义湿陷系数，如式 (2-2) 所示：

$$\delta_s = \frac{s_1 - s_2}{h_0} = \frac{\Delta s}{h_0} = \varepsilon_{sh} \tag{2-2}$$

式中，δ_s 为湿陷系数；ε_{sh} 为黄土遇水后产生的湿陷应变；h_0 为土样高度。由式(2-2)可知，可以认为湿陷系数 δ_s 是黄土遇水后产生的湿陷应变 ε_{sh}，即单位试样高度的湿陷量。

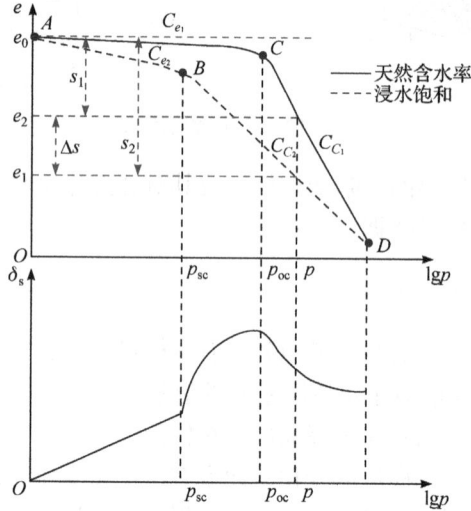

图 2-13 双线法测定的 δ_s-lg$p$ 及 e-lg$p$ 曲线

e_1-当前应力状态下浸水饱和土样孔隙比；e_2-当前应力状态下初始含水率土样孔隙比；B-饱和土样的结构屈服点；p_{sc}-B点对应的屈服压力；C-初始含水率土样的结构屈服点；p_{oc}-C点对应的屈服压力；C_{C_1}-饱和土的压缩指数；C_{C_2}-初始含水率土的压缩指数；C_{e_1}、C_{e_2}-回弹指数

初始含水率试样(原始土样)压缩变形量 s_2 计算如式(2-3)所示，饱和含水率试样(饱和土样)压缩变形量 s_1 计算如式(2-4)所示，竖向应力增量如式(2-5)所示：

$$s_2 = \frac{C_{C_2}}{1+e_0} h_0 \lg\left(\frac{P}{P_{sc}}\right) = \frac{\Delta p h_0}{E_{s_2}} \tag{2-3}$$

$$s_1 = \frac{C_{e_1}}{1+e_0} h_0 \lg\left(\frac{p_{0c}}{p_{sc}}\right) + \frac{C_{C_1}}{1+e_0} h_0 \lg\left(\frac{p}{p_{oc}}\right) = \frac{\Delta p h_0}{E_{s_1}} \tag{2-4}$$

$$\Delta p = p - p_{sc} \tag{2-5}$$

将式(2-3)、式(2-4)代入式(2-5)得

$$\delta_s = \varepsilon_{sh} = \frac{\Delta p}{\dfrac{E_{s_1} \cdot E_{s_2}}{E_{s_1} - E_{s_2}}} \tag{2-6}$$

式中，ε_{sh} 为湿陷应变；E_{s_1}、E_{s_2} 为压缩模量。

　　湿陷割线模量 E_{sh} 表示竖向应力 Δp 作用下浸水引起的湿陷应变 ε_{sh}，反映一定压力条件下黄土湿陷的程度，湿陷割线模量决定湿陷量的大小，且与湿陷量成反比。Δp 表示初始含水率增湿至饱和含水率时试样容重增量引起的土单元竖向应力的增量，依据前述双线法湿陷试验数据，经过数据拟合可得湿陷模量与重度增量关系参数表，如表 2-4 所示。

表 2-4　湿陷模量与重度增量关系参数表

湿陷系数 δ_s	初始含水率 w_0/%	密度 ρ/(g/cm³)	压缩模量 E_s/MPa	弹性模量 E/MPa	体积模量 K/MPa	剪切模量 G/MPa	黏聚力 c/kPa	内摩擦角 φ/(°)
0.15	4.91	1.42	92.97	278.91	232.43	107.3	239.7	35.06
0.10	13.62	1.54	23.71	71.13	59.28	27.36	88.19	30.57
0.07	19.07	1.62	7.63	22.89	19.08	8.80	63.41	29.09
0.05	22.71	1.67	6.14	18.42	15.35	7.08	53.43	28.32
0.03	26.35	1.71	2.50	7.50	6.25	2.88	46.19	27.67
0.015	29.07	1.75	1.90	5.70	4.75	2.19	41.95	27.24
—	饱和	1.85	—	—	—	—	33.0	26.4

2. 黄土湿陷变形数值模拟方法

　　图 2-14 为湿陷区域数值模拟示意图，黄土地层的湿陷量采用湿陷分层计算的思想，在降雨入渗过程中，先对上层土的应力与湿陷变形产生影响，然后才对下层土产生影响，故采用从上到下、1m 分层、逐层入渗的累计湿陷变形计算方法，直至完成整个湿陷范围的湿陷变形计算。湿陷性黄土含水率变化引起容重的变化，从而转化为等效应力增量，有关这一理论已有大量试验研究，并且得到了丰富的关系曲线与经验公式。本章采用双线法湿陷试验，通过初始含水率及饱和含水率条件下的应力应变曲线在应力条件下的差值来改变湿陷模量，模拟湿陷变形计算方法具体步骤如下：

　　(1) 根据前文所述降雨湿陷的范围，建立含有预设浸水湿陷区域的三维数值模型，将湿陷区域自上而下按每层 1m 重新分组，并根据实际地层、下垫层及基础条件计算初始应力。

　　(2) 将室内压缩试验得到的不同含水率下不同湿陷系数对应的重度赋予湿陷区域内各土体单元，并计算出湿陷土单元新的竖向应力与竖向应力增量。

　　(3) 将湿陷系数随竖向应力增量的关系表示为函数，输入程序语言，求出湿陷区域内各土体单元在新的竖向应力增量下湿陷变形相应的湿陷割线模量，并根据公式求出相应的湿陷体积模量及剪切模量，赋值并进行计算。

　　(4) 上层区域湿陷变形计算结束后，进行下一层计算循环，直到所有降雨渗透区域全部完成湿陷变形计算。

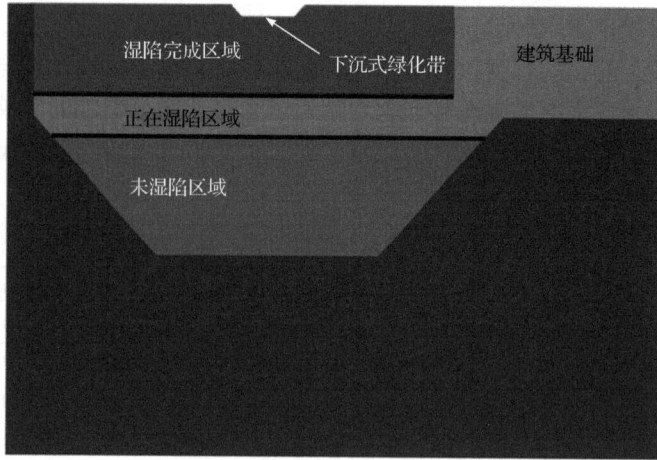

图 2-14　湿陷区域数值模拟示意图

2.2.3　数值计算参数与方案

　　湿陷数值模拟计算中所用土体的各项参数由现场勘查报告及试验场地所取原状土样经室内土工试验确定，下沉式绿化带换填土经取样后在室内试验中测定其参数，具体试验过程参考前文所述室内试验。参考《湿陷性黄土地区建筑标准》(GB 50025—2018)[9]中的湿陷等级划分可将场地湿陷等级分为以下三种情况：

　　(1) 当 $0.015 < \delta_s \leqslant 0.030$ 时，湿陷性轻微；

　　(2) 当 $0.030 < \delta_s \leqslant 0.070$ 时，湿陷性中等；

　　(3) 当 $\delta_s > 0.070$ 时，湿陷性强烈。

　　根据前文统计的各湿陷等级场地的湿陷系数变化范围，再结合《湿陷性黄土地区建筑标准》(GB 50025—2018)中的湿陷等级划分，将湿陷系数小于 0.015 的场地称非湿陷场地。基于综合考虑，湿陷数值模拟的湿陷系数取 0.015、0.03、0.05、0.07、0.10、0.15。依据湿陷系数与含水率、密度、压缩模量、黏聚力、内摩擦角的数学关系，得到湿陷系数分别为 0.015、0.03、0.05、0.07、0.10、0.15 时的相关模型计算参数，如表 2-5 所示，其中，弹性模量 E 取压缩模量的 3 倍，体积模量 K 与剪切模量 G 可根据弹性模量 E 和泊松比 ν 确定：

$$K = \frac{E}{3(1-2\nu)} \tag{2-7}$$

$$G = \frac{E}{2(1+\nu)} \tag{2-8}$$

表 2-5　模型计算参数

湿陷系数 δ_s	含水率 ρ/%	密度 ρ/(g/cm³)	压缩模量 E_s/MPa	弹性模量 E/MPa	体积模量 K/MPa	剪切模量 G/MPa	黏聚力 c/kPa	内摩擦角 φ/(°)
0.15	4.91	1.42	92.97	278.91	232.4	107.27	239.70	35.06
0.10	13.62	1.54	23.71	71.13	59.28	27.36	88.19	30.57
0.07	19.07	1.62	7.63	22.89	19.08	8.80	63.41	29.09
0.05	22.71	1.67	6.14	18.42	15.35	7.08	53.43	28.32
0.03	26.35	1.71	2.50	7.50	6.25	2.88	46.19	27.67
0.015	29.07	1.75	1.90	5.70	4.75	2.19	41.95	27.24

湿陷数值计算的工况根据选取 5 种湿陷系数，即 0.015、0.03、0.07、0.10、0.15，再结合前文所述渗透扩散符合要求的 14 个湿陷范围可能性的三维数值模型，正交后得到总共 70 个计算工况的湿陷数值模拟结果。

2.3　海绵城市设施降雨入渗黄土地层沉降变形特征

2.3.1　黄土地层湿陷变形特征

根据下垫层渗透系数及湿陷数值模拟计算结果，选取下垫层渗透系数为 $5×10^{-4}$cm/s 计算工况中的大雨入渗 48h、暴雨入渗 24h、暴雨入渗 48h、大暴雨入渗 24h 和大暴雨入渗 48h 开展黄土地层湿陷变形计算与分析。提取不同降雨条件下各湿陷系数的湿陷变形位移云图，如图 2-15 所示。

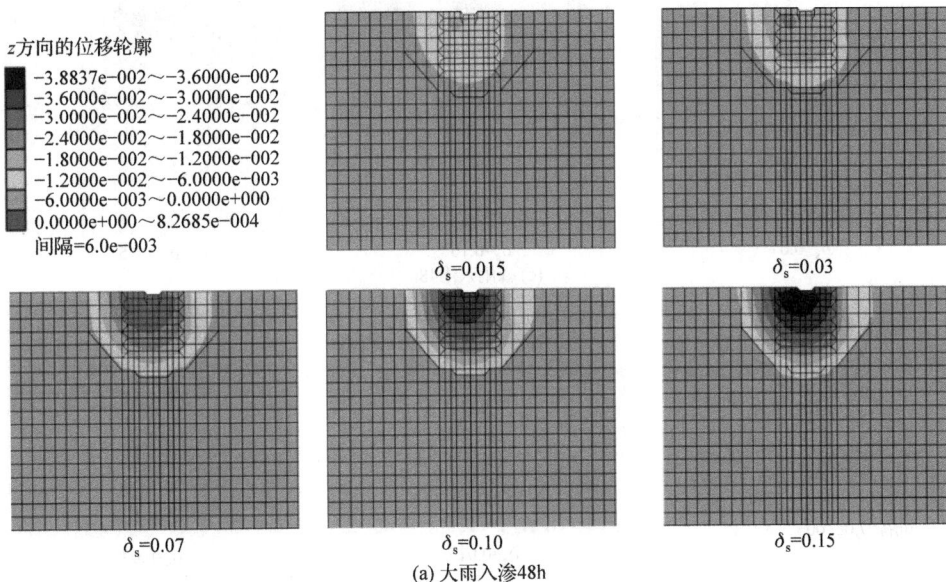

z 方向的位移轮廓
- $-3.8837e-002 \sim -3.6000e-002$
- $-3.6000e-002 \sim -3.0000e-002$
- $-3.0000e-002 \sim -2.4000e-002$
- $-2.4000e-002 \sim -1.8000e-002$
- $-1.8000e-002 \sim -1.2000e-002$
- $-1.2000e-002 \sim -6.0000e-003$
- $-6.0000e-003 \sim 0.0000e+000$
- $0.0000e+000 \sim 8.2685e-004$

间隔=6.0e-003

$\delta_s=0.015$　　　$\delta_s=0.03$

$\delta_s=0.07$　　　$\delta_s=0.10$　　　$\delta_s=0.15$

(a) 大雨入渗48h

z方向的位移轮廓

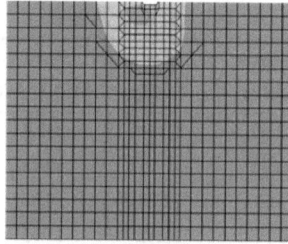

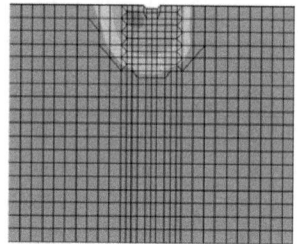

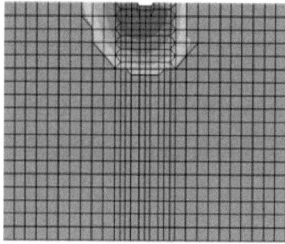

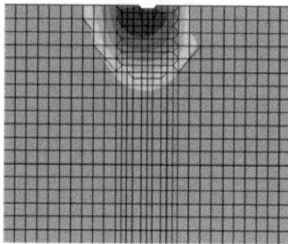

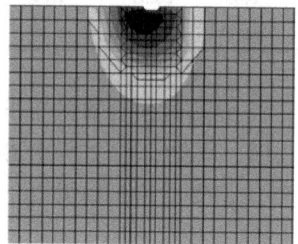

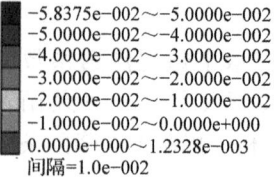

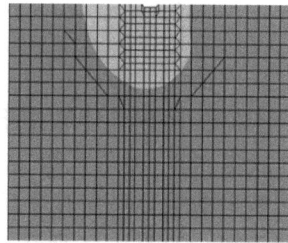

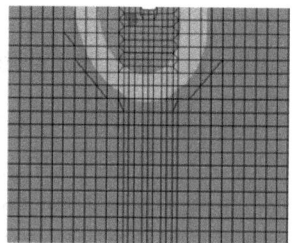

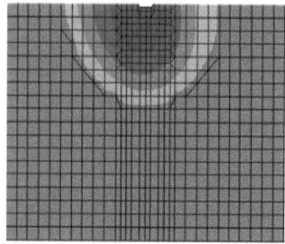

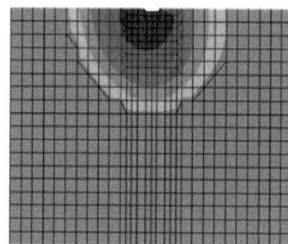

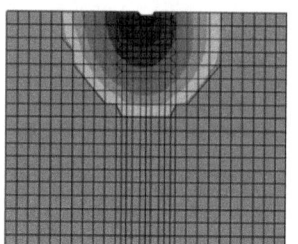

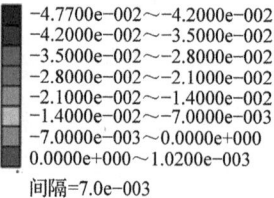

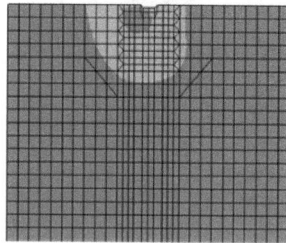

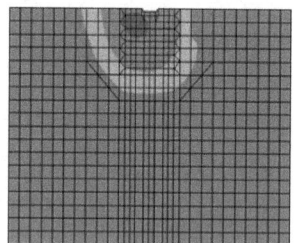

■ −2.9430e−002～−2.7000e−002
　 −2.7000e−002～−2.2500e−002
　 −2.2500e−002～−1.8000e−002
　 −1.8000e−002～−1.3500e−002
　 −1.3500e−002～−9.0000e−003
　 −9.0000e−003～−4.5000e−003
　 −4.5000e−003～0.0000e+000
　 0.0000e+000～7.9095e−004
间隔=4.5e−003

$\delta_s=0.015$　　　　$\delta_s=0.03$

$\delta_s=0.07$　　　$\delta_s=0.10$　　　$\delta_s=0.15$

(b) 暴雨入渗24h

z方向的位移轮廓

■ −5.8375e−002～−5.0000e−002
　 −5.0000e−002～−4.0000e−002
　 −4.0000e−002～−3.0000e−002
　 −3.0000e−002～−2.0000e−002
　 −2.0000e−002～−1.0000e−002
　 −1.0000e−002～0.0000e+000
　 0.0000e+000～1.2328e−003
间隔=1.0e−002

$\delta_s=0.015$　　　　$\delta_s=0.03$

$\delta_s=0.07$　　　$\delta_s=0.10$　　　$\delta_s=0.15$

(c) 暴雨入渗48h

z方向的位移轮廓

■ −4.7700e−002～−4.2000e−002
　 −4.2000e−002～−3.5000e−002
　 −3.5000e−002～−2.8000e−002
　 −2.8000e−002～−2.1000e−002
　 −2.1000e−002～−1.4000e−002
　 −1.4000e−002～−7.0000e−003
　 −7.0000e−003～0.0000e+000
　 0.0000e+000～1.0200e−003
间隔=7.0e−003

$\delta_s=0.015$　　　　$\delta_s=0.03$

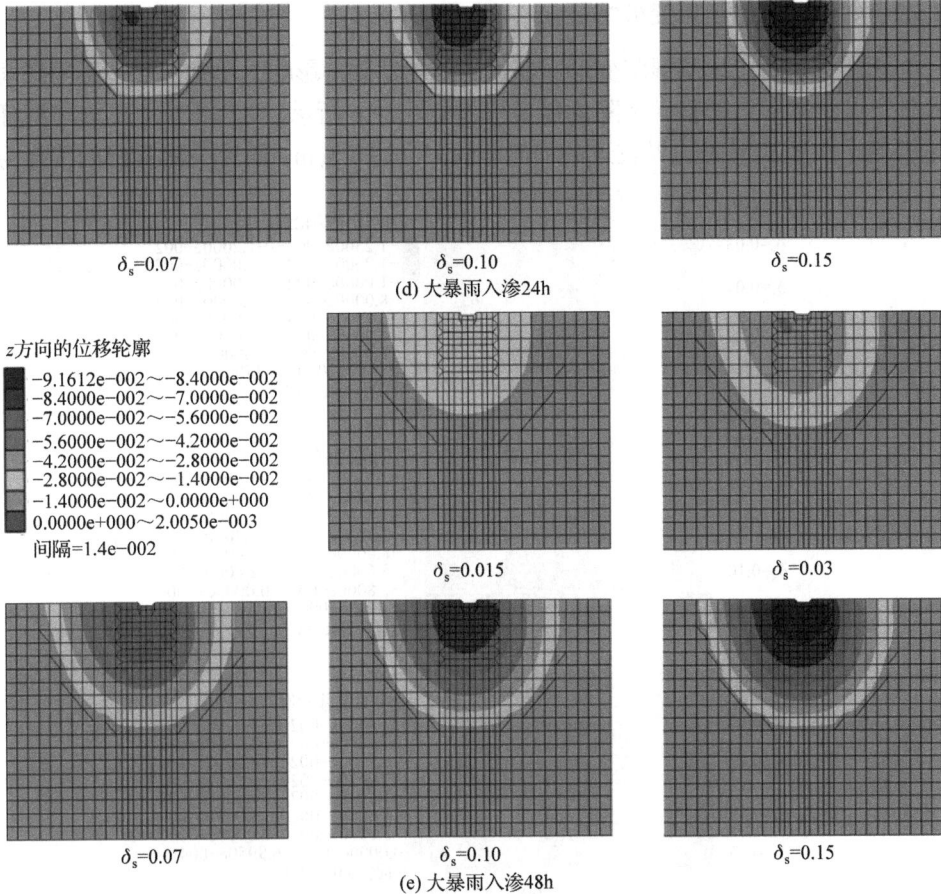

图 2-15　不同降雨条件下各湿陷系数的湿陷变形位移云图(单位：m)

从图 2-15 可以看出，在下沉式绿化带正下方区域内湿陷量较大，位移云图整体呈现以下沉式绿化带为中心的"半椭圆"式分布特点。当大暴雨入渗 48h 时，Ⅲ级湿陷场地的最大湿陷量可达 9.2cm。当场地的湿陷等级较低、黄土地层的湿陷系数较小时，雨量等级(或降雨强度)对地层湿陷变形的影响较小。例如，黄土地层湿陷系数为 0.03 时，最大湿陷量的范围在 3～4.2cm；当场地湿陷等级较大时，降雨强度对地层湿陷量的影响较大。例如，黄土地层湿陷系数为 0.10 时，最大湿陷量的范围在 3.6～8.4cm。这是因为黄土地层湿陷等级较低时，黄土地层雨水下渗的速率较慢，地层湿陷变形主要是土体浸水后所发生的结构坍塌；当黄土地层湿陷等级较高时，黄土地层雨水下渗的速率较快，湿陷变形是由土体吸水产生的附加应力和结构破坏共同作用的。雨量等级(或降雨强度)与场地的湿陷等级对黄土地层湿陷变形均有较大影响。

2.3.2　邻近建筑物基础变形特征

为了分析黄土地层湿陷变形对邻近建筑物基础的影响，单独提取了不同降雨条件下各湿陷系数的基础沉降位移云图，如图 2-16 所示，可以看出，不均匀沉降主要集中在距离渗透边界较近的一侧，最大可达 6.5cm，而另一侧基础的沉降为

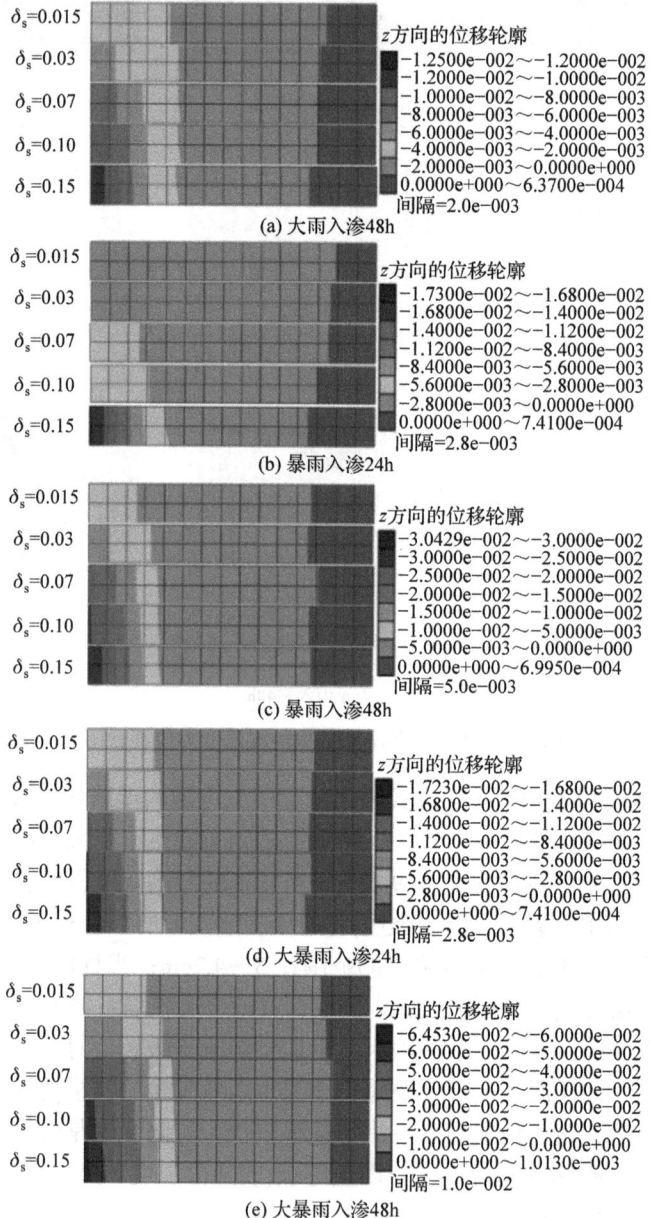

(a) 大雨入渗48h

(b) 暴雨入渗24h

(c) 暴雨入渗48h

(d) 大暴雨入渗24h

(e) 大暴雨入渗48h

图 2-16　不同降雨条件下各湿陷系数的基础沉降位移云图(单位：m)

0，可见黄土地层湿陷变形对邻近建筑物的安全影响较大，依旧取决于降雨强度与场地土层湿陷系数，当这两个因素越大时，建筑物基础产生的倾斜率越大，可能会导致建筑物在基础的不均匀沉降下产生墙体开裂破坏，因此建筑物基础倾斜率的变化规律是研究的关键所在。

根据建筑物基础的不均匀沉降，得到不同降雨条件与各湿陷系数下基础倾斜率变化曲线，如图 2-17 所示。可以看出，下沉式绿化带海绵设施对邻近建筑物影响程度较大的雨量等级和历时情况为大暴雨入渗 48h、暴雨入渗 48h、大暴雨入渗 24h、大雨入渗 48h。其他条件下海绵设施对邻近建筑物影响较小。

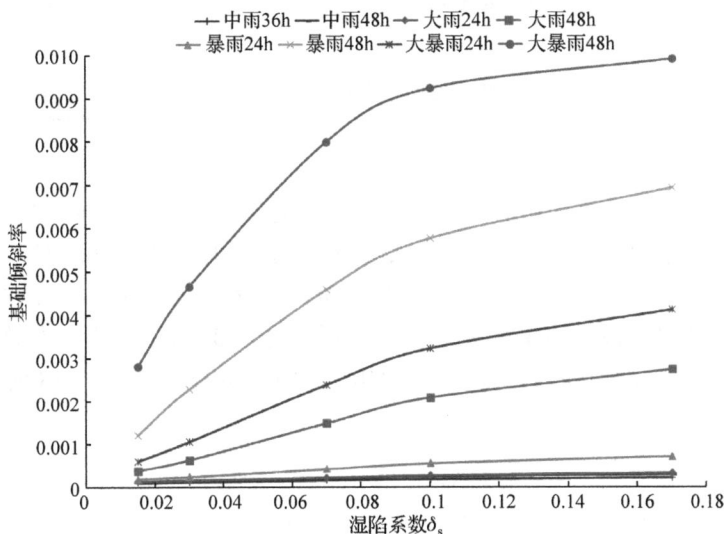

图 2-17　不同降雨条件与各湿陷系数下基础倾斜率变化曲线

2.4　黄土地层沉降变形对周边建筑影响等级分布特征

依据前述研究分析，以主干道道路为界线，将长治市主城区划分为 50 个区域。结合三维地图、无人机航拍影像与实地踏勘，统计分析长治市主城区 50 个区域内不同类型建筑物分布特征，如附录 B 表 B-1 所示。可以看出，长治市主城区主要建筑物类型有高层建筑(21～33 层)、小高层建筑(8～20 层)、多层建筑(小于等于 7 层)、自建房(砌体承重结构)、厂房等五类。

依据《建筑地基基础设计规范》(GB 50007—2011)[10]中建筑物的地基变形允许值的整理分析，提取出了多层框架、小高层、高层、厂房及自建房(砌体承重结构)等建筑类型基础破坏的倾斜率阈值，如表 2-6 所示。这与长治市主城区主要建筑物类型对应，多层建筑(小于等于 7 层)的倾斜率阈值为 0.004，小高层建筑(8～

20层)的倾斜率阈值为 0.003，高层建筑(21～33层)的倾斜率阈值为 0.0025，厂房的倾斜率阈值为 0.004；自建房(砌体承重结构)的倾斜率阈值为 0.002。砌体承重结构的强度、适应变形能力相对于其他基础(条形基础、筏板基础、桩基)较差。

表 2-6 建筑基础破坏的倾斜率阈值

编号	建筑结构类型	倾斜率阈值
①	多层建筑($H_g \leqslant 24m$)	0.004
②	小高层建筑($24m < H_g \leqslant 60m$)	0.003
③	高层建筑($60m < H_g \leqslant 100m$)	0.0025
④	厂房	0.004
⑤	自建房(砌体承重结构)	0.002

注：H_g 为自室外地面算起的建筑物高度。

依据数值模拟计算结果，研究了不同雨量等级与入渗历时条件下临近建筑基础倾斜率随湿陷系数的变化规律，结合长治市主城区主要建筑类型的基础破坏阈值，得到不同区域的雨量等级与入渗历时阈值，如附录 B 表 B-2 所示。可以看出，不同雨量等级与历时条件下的建筑基础倾斜率阈值(大于 0.002)由大到小依次是大暴雨入渗 48h、暴雨入渗 48h、大暴雨入渗 24h、大雨入渗 48h，如图 2-18 所示。

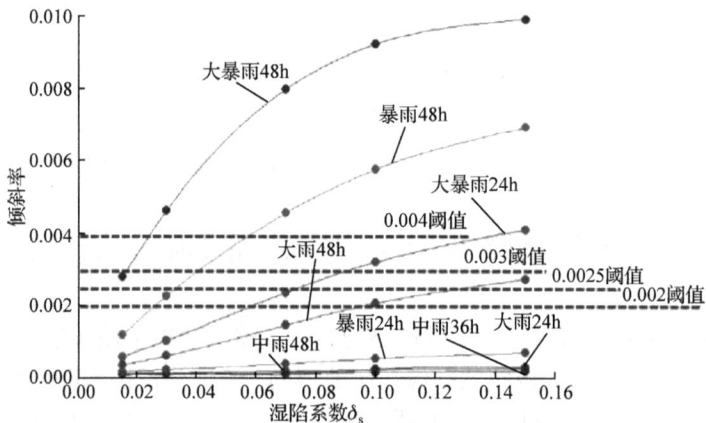

图 2-18 不同雨量等级、历时下湿陷系数与基础倾斜率曲线

从湿陷危害程度来说，大暴雨入渗 24h 湿陷危害等同于暴雨入渗 48h，可将不同雨量等级的入渗历时均确定为 48h。以暴雨对建筑物的危害为例，当区域某建筑物基础倾斜率达到大雨阈值条件已经破坏，在暴雨条件下该建筑物将会更加危险，该建筑物在暴雨条件下属于高风险(Ⅲ级)；当区域某建筑物基础倾斜率达到暴雨的阈值，该建筑物在暴雨条件下属于中风险(Ⅱ级)；当区域某建筑物基础

倾斜率达到大暴雨的阈值，那么在暴雨条件下该建筑物还未破坏，该建筑物在暴雨条件下属于低风险。基于此，结合不同区域的雨量等级与入渗历时阈值，将区域中含有大雨入渗 48h 的建筑基础破坏阈值确定为高风险；将区域中含有暴雨入渗 48h 与大暴雨入渗 24h 的建筑基础破坏阈值确定为中风险；将区域中含有大暴雨入渗 48h 的建筑基础破坏阈值确定为低风险。

　　长治市主城区海绵设施暴雨地层湿陷诱发建筑物危害预警分布特征综合考虑了雨量等级、入渗历时、湿陷系数、场地等级、建筑类型等影响因素，参见附表 B-2。

参 考 文 献

[1] 中华人民共和国住房和城乡建设部. 海绵城市建设评价标准: GB/T 51345—2018[S]. 北京: 中国计划出版社, 2018.

[2] 蒋中明, 熊小虎, 曾铃. 基于 FLAC3D 平台的边坡非饱和降雨入渗分析[J]. 岩土力学, 2014, 35(3): 855-861.

[3] 陈似华. 强降雨入渗下高大挡土墙渗流与稳定分析[J]. 建筑技术, 2021, 52(4): 451-453.

[4] 中国国家标准化管理委员会. 降水量等级: GB/T 28592—2012[S]. 北京: 中国标准出版社, 2012.

[5] 狄圣杰, 刘奉银, 张莹, 等. 一种基于数值计算的湿陷性地层湿陷变形量的评价方法: CN202010096049.7[P]. 2020-06-02.

[6] Gu X, Nie W, Li Q, et al. Discrete element simulation of the road slope considering rainfall infiltration[J]. Water, 2022, 14(22): 3663.

[7] 董岳林. 深厚黄土地层湿陷对地铁盾构隧道结构变形的影响研究[D]. 西安: 长安大学, 2018.

[8] 王祖耀. 单、双线试验法对评价黄土湿陷性的影响研究[D]. 兰州: 兰州大学, 2017.

[9] 中华人民共和国住房和城乡建设部. 湿陷性黄土地区建筑标准: GB 50025—2018[S]. 北京: 中国建筑工业出版社, 2018.

[10] 中华人民共和国住房和城乡建设部. 建筑地基基础设计规范: GB 50007—2011[S]. 北京: 中国建筑工业出版社, 2011.

第3章 基于海绵城市理念的煤炭产业废料资源化利用方法

3.1 不同材料制备固废基透水材料及性能

随着我国城镇化建设的不断更新,城市硬化路面面积不断扩张,严重影响了地表径流,地面对降雨与干旱平衡的协调能力受到了严重破坏,导致我国城市内涝问题严峻。城市化进程的加快使城市生态环境与路面问题的负面影响变得愈发严重,透水砖因其在生态方面的诸多优势,开始受到普遍关注。海绵城市建设离不开"海绵体"路面透水材料,透水砖路面能够有效地吸收渗透雨水,补充地下水资源,改善城市生活热环境,吸收城市噪声,改善城市地表土壤生态环境等,充分体现可持续发展和环境友好型社会,在建设海绵城市中起到了至关重要的作用。

杨利香等[1]研究了不同水胶比下外加剂掺量对胶凝材料净浆流动度的影响,以及净浆流动度、中砂/净浆质量比双因素耦合作用下再生粗骨料裹覆砂浆厚度的变化规律。结果表明,再生粗骨料裹覆砂浆厚度随砂浆流动度减小而增大,且骨料粒径越大,其裹覆厚度越大。宋兴福从骨料紧密堆积理论和粒子干涉理论入手,开展了级配再生骨料复配与性能测试。结果表明,采用单粒级再生骨料配制透水混凝土,其抗压强度随骨料粒径增大呈先增大后减小的趋势,透水性能变化趋势与之相反;采用级配再生骨料配制透水混凝土,其抗压强度随级配再生骨料空隙率减小呈增大趋势,连通孔隙率和透水系数随级配再生骨料空隙率减小呈减小趋势[2]。黄志伟等[3]使用5~10mm与10~20mm的再生骨料制作单级配与双级配的透水混凝土,通过测定试件的抗压强度、劈裂抗拉强度、有效孔隙率、透水系数对混凝土进行评价。结果表明,采用双级配的透水混凝土密度较单级配粒径为10~20mm的低,试件的劈拉强度与抗压强度正相关,拉压比范围在21%~27%,脆性降低,韧性增加。

使用煤矸石代替天然骨料,煤气化渣与粉煤灰代替水泥制备透水材料,通过研究不同配合比方案下透水材料的性能来验证其可行性,并分析不同因素对透水材料性能的影响,以期为实际生产提供依据。分析比较配合比计算方法的适用条件,考虑粉煤灰和减水剂掺量的影响,利用改进的体积法进行透水材料配合比的设计。采用正交法设计试验比较分析骨胶比、粉煤灰与煤气化渣掺比、骨料粒径、养护条件四个因素对透水材料强度、有效孔隙率和透水系数的作用规律。在正交试验直观分析结果的基础上，对抗压强度、抗折强度、有效孔隙率和透水系数指标的各试验因素关联度进行比较，确定透水材料的最佳配合比。

3.1.1　原料分析

对粉煤灰、煤气化渣、煤矸石的堆积密度、化学成分及质量分数、矿物组分等进行分析与测定。

粉煤灰，二级灰，细度 45μm，筛余 21.4%，活性指数 83%，粉煤灰各组分质量分数见表 3-1。

表 3-1　粉煤灰各组分质量分数

组分	Al_2O_3	SiO_2	CaO	MgO	Fe_2O_3	其他
质量分数/%	31.70	50.77	1.66	0.77	5.06	10.04

粉煤灰的 X 射线衍射(XRD)图见图 3-1，由图可知，粉煤灰基本为玻璃体(基线鼓起)，少量的石英(SiO_2)和硅线石($3Al_2O_3 \cdot 2SiO_2$)晶体析出。

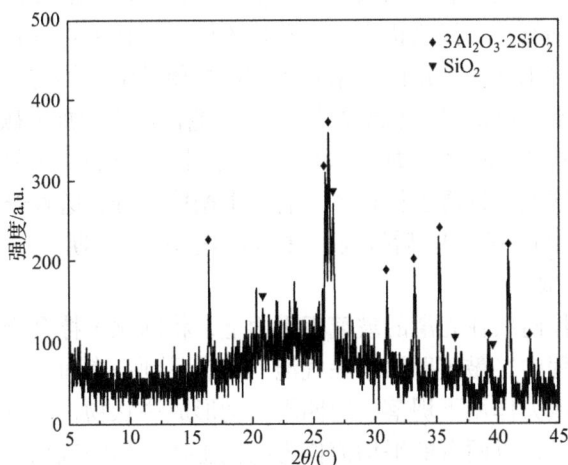

图 3-1　粉煤灰的 X 射线衍射图

煤矸石各组分质量分数见表 3-2。

表 3-2　煤矸石各组分质量分数

组分	Al_2O_3	SiO_2	Fe_2O_3	CaO	MgO	其他
质量分数/%	26.05	57.36	2.98	2.91	0.97	9.73

煤气化渣各组分质量分数见表 3-3。

表 3-3　煤气化渣各组分质量分数

组分	Al_2O_3	SiO_2	Na_2O	TiO_2	Fe_2O_3	CaO	MgO	其他
质量分数/%	52.36	16.47	2.25	0.42	8.56	10.83	2.16	6.95

3.1.2　制备透水材料

1) 煤气化渣与粉煤灰质量比的选择

在本节，粉煤灰与煤气化渣的质量比 ($m_{粉煤灰}$: $m_{煤气化渣}$) 选用 100 : 0、80 : 20、65 : 35、50 : 50 与 35 : 65。

2) 其他配比的选择

结合国内外学者的研究成果，确定本节试验制备的透水材料水胶比为 0.45，砂率为 0.5，水玻璃模数为 1.2，硅酸钠占粉料质量分数为 40%，萘系高效减水剂(简称"减水剂")的掺量为 1.2%。

3) 试块的制备

称取一定量的水玻璃和片状火碱放入桶中，搅拌均匀后冷却待用；称取一定量的机制砂和粗细石子于浅铁锅内，再称取不同质量比的煤气化渣和粉煤灰于铁皮桶内，称取计量水加入计量的萘系减水剂搅拌使其溶解均匀；将粗细石子、煤气化渣与粉煤灰倒入卧式搅拌机干搅拌 3min，搅拌过程中加入碳纤维，再加入减水剂溶液继续搅拌 3min，然后加入水玻璃溶液，搅拌 5min，出料到湿润的不锈钢钢板上，测试扩展度。将透水材料装入磨具中振捣充分，送入养护室(温度 20℃，相对湿度 70%以上)养护，1d 后拆模，继续养护到指定龄期。

4) 扩展度测试

试验时将圆柱筒放在光滑的玻璃板平面上，将固化土拌合物分次装入圆柱筒中，在装入的过程中轻敲筒壁以排除气泡，填满后刮平表面，之后迅速将圆柱筒提起，拌合物在重力作用下坍落，向四周流动形成饼状物，测量底面最大直径及其垂直方向的直径，以两者的平均值作为固化土拌合物的流动扩展度。

5) 凝结时间测试

按照《普通混凝土拌合物性能试验方法标准》(GB/T 50080—2016)进行凝结时间测试。混凝土拌合物用 5mm(圆孔筛)振动筛筛出砂浆，拌匀后装入标准的刚性不渗水金属圆筒中，试样表面应低于筒口约 10mm，用振动台振动密实(3～5s)，置于(20±3)℃的环境中，容器加盖，每 0.5h 测定一次，当试验针沉入砂浆底板 0.5～1.0mm 则得到初凝时间。在初凝后，改为 3h 测定一次，当试验针沉入砂浆底板小于 1.0mm 则得到终凝时间。

6) 抗压强度测试

每个试验组制备 6 个平行样，若存在误差，剔除误差在 10% 以上的数据，取其余的平均值作为结果；若存在 2 个以上误差较大的数据，则重新开展试验。本试验选择 1d 和 3d 龄期的样品来研究抗压强度的影响规律，试验仪器为 DYE-3000S 电脑全自动恒应力压力试验机。

7) 测试与表征

用 JSM-7200F 型高速分析热场发射扫描电子显微镜观察试块的表面形貌，用 D/MAX-2200PC 型 X 射线衍射仪测定试样的 XRD 图。

3.1.3　透水材料配合比设计

1. 正交试验

本小节以水玻璃模数、硅酸钠占粉料质量分数、粉煤灰与煤气化渣的质量比、减水剂掺量为四因素设计正交试验。其他条件为水胶比 0.45，砂率 0.5。具体水平因素见表 3-4，正交试验结果见表 3-5。

表 3-4　水平因素

序号	因素 A	因素 B	因素 C	因素 D
	水玻璃模数	硅酸钠占粉料质量分数/%	$m_{粉煤灰} : m_{煤气化渣}$	减水剂掺量/%
水平 1	1.0	45	65∶35(1.86)	0.9
水平 2	1.2	40	50∶50(1)	1.2
水平 3	1.4	35	35∶65(0.54)	1.5

表 3-5　正交试验结果

序号	因素 A	因素 B	因素 C	因素 D	3d 抗压强度/MPa	扩展度/mm	凝结时间/min
	水玻璃模数	硅酸钠占粉料质量分数	$m_{粉煤灰} : m_{煤气化渣}$	减水剂掺量			
L1	水平 1	水平 1	水平 1	水平 1	5.4	255	3
L2	水平 1	水平 2	水平 2	水平 2	7.4	270	6
L3	水平 1	水平 3	水平 3	水平 3	1.4	235	8
L4	水平 2	水平 1	水平 2	水平 2	8.3	260	2
L5	水平 2	水平 2	水平 3	水平 1	4.0	220	5
L6	水平 2	水平 3	水平 3	水平 2	8.7	290	9
L7	水平 3	水平 1	水平 3	水平 2	7.3	230	1
L8	水平 3	水平 2	水平 1	水平 3	6.1	285	4
L9	水平 3	水平 3	水平 2	水平 1	9.3	225	7

3d 抗压强度正交试验分析表见表 3-6。从表中可以看到 $m_{粉煤灰} : m_{煤气化渣}$ 这个

因素的极差最大，对 3d 抗压强度的影响最大，根据表中数据可作图(图 3-2)。

表 3-6　3d 抗压强度正交试验分析表　　　　　　(单位：MPa)

序号	因素 A	因素 B	因素 C	因素 D
	水玻璃模数	硅酸钠占粉料质量分数	$m_{粉煤灰}:m_{煤气化渣}$	减水剂掺量
L1	8.1	7.0	6.7	2.6
L2	4.3	2.2	2.3	7.8
L3	2.6	2.8	3.9	2.6
极差	5.5	4.8	4.4	5.2

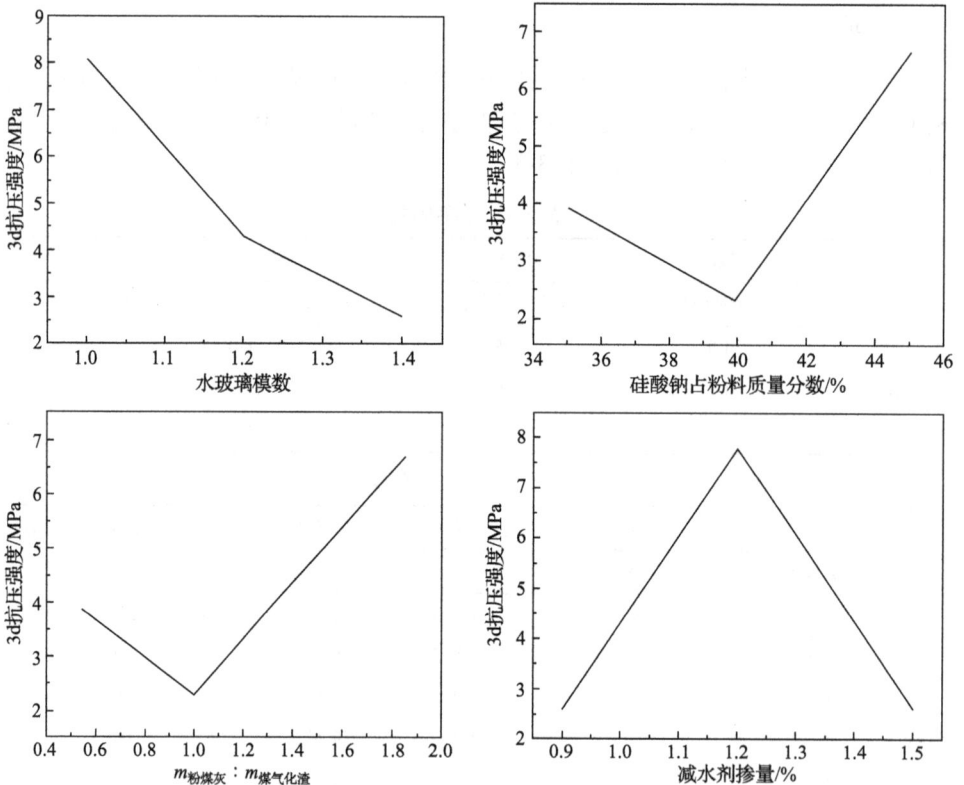

图 3-2　四因素 3d 抗压强度分析图

根据图 3-2 可以看出，随着水玻璃模数的不断增大，3d 抗压强度不断减小，其中在水玻璃模数为 1.0 时 3d 抗压强度最大。随着硅酸钠占粉料质量分数的不断增大，3d 抗压强度先下降后上升。随着粉 $m_{粉煤灰}:m_{煤气化渣}$不断增大，3d 抗压强度呈现先下降后上升的趋势。随着减水剂掺量的不断增大，3d 抗压强度呈现先增大后减小的趋势。由此可见，在水玻璃模数为 1.0，硅酸钠占粉料质量分数在 45%，

$m_{粉煤灰}：m_{煤气化渣}$为 65：35，减水剂掺量为 1.2%时透水材料的 3d 抗压强度最大。

扩展度正交试验分析表见表 3-7。从表中可以看到 $m_{粉煤灰}：m_{煤气化渣}$这个因素的极差最大，对扩展度的影响最大，$m_{粉煤灰}：m_{煤气化渣}$越大，扩展度越大。根据表中数据可作图(图 3-3)。

表 3-7　扩展度正交试验分析表　　　　　　(单位：mm)

序号	因素 A	因素 B	因素 C	因素 D
	水玻璃模数	硅酸钠占粉料质量分数	$m_{粉煤灰}：m_{煤气化渣}$	减水剂掺量
L1	253	248	277	233
L2	257	258	252	263
L3	247	250	228	260
极差	10	10	49	30

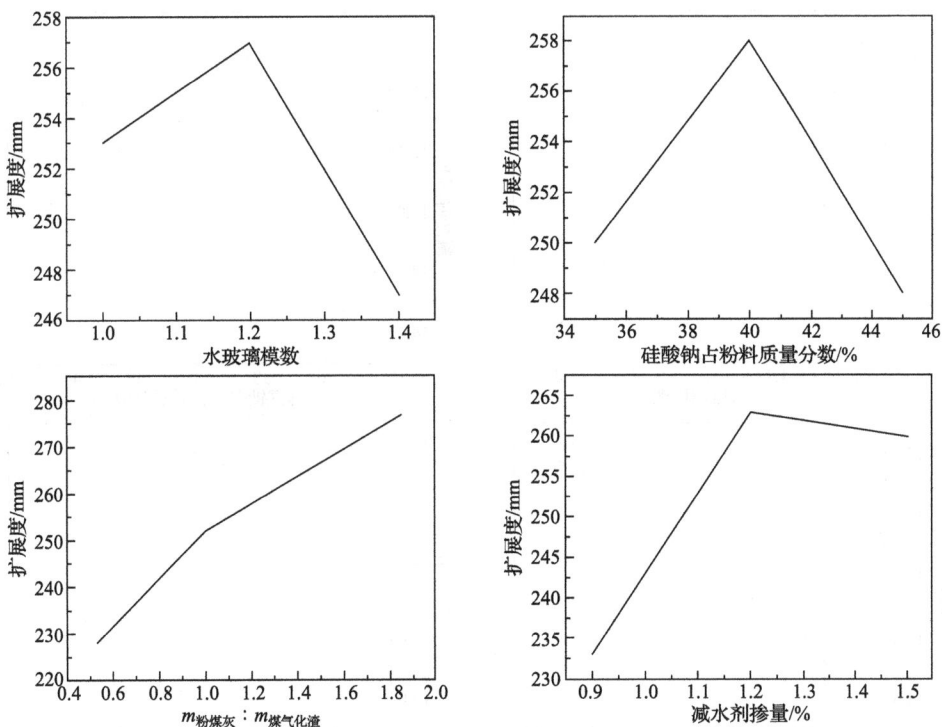

图 3-3　四个因素的扩展度分析图

根据图 3-3 可以看出，随着水玻璃模数不断增大，扩展度先增大后减小，呈现中间高的趋势。随着硅酸钠占粉料质量分数的不断增大，扩展度先增大后减小，呈现中间高的趋势。随着 $m_{粉煤灰}：m_{煤气化渣}$不断增大，扩展度呈现不断上升的趋势。

随着减水剂掺量的不断增大,扩展度先增大后减小,呈现中间高的趋势。由此可见,在水玻璃模数为1.2,硅酸钠占粉料质量分数在40%,$m_{粉煤灰}:m_{煤气化渣}$为65:35,减水剂掺量为1.2%时透水材料的扩展度最大,流动度最好。

凝结时间正交试验分析表见表3-8。从表中可以看到,硅酸钠占粉料质量分数这个因素的极差最大,对凝结时间的影响最大。根据表中数据可作图(图3-4)。

表3-8 凝结时间正交试验分析表 (单位:h)

| 序号 | 因素A | 因素B | 因素C | 因素D |
	水玻璃模数	硅酸钠占粉料质量分数	$m_{粉煤灰}:m_{煤气化渣}$	减水剂掺量
L1	17	14	16	15
L2	16	16	15	16
L3	12	15	14	14
极差	5	2	2	2

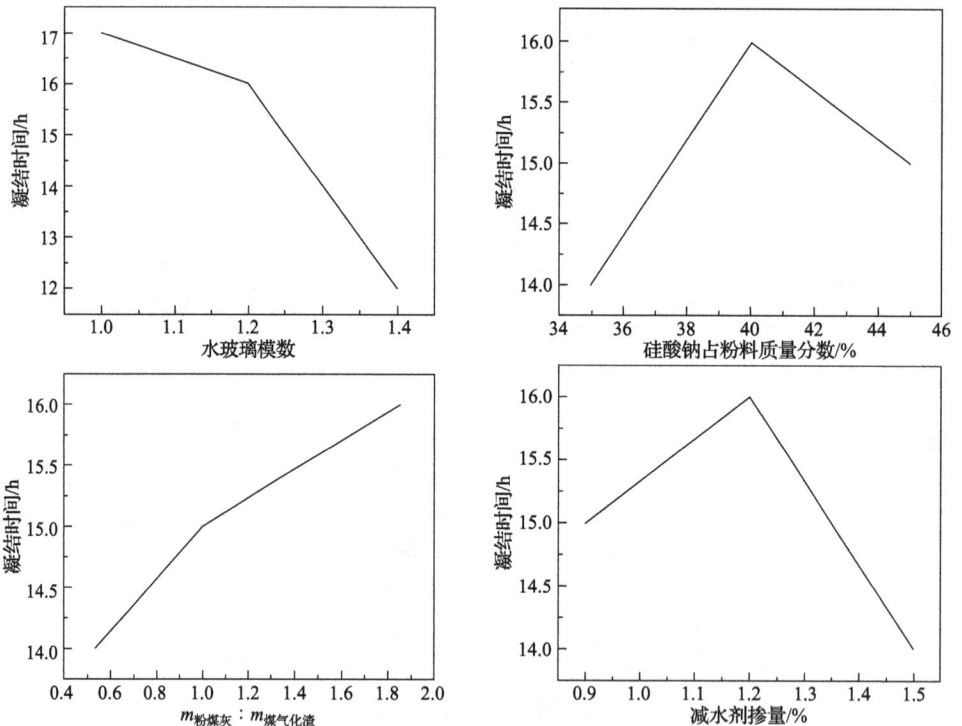

图3-4 四个因素的凝结时间分析图

根据图3-4可以看出,随着水玻璃模数不断增大,凝结时间呈现递减的趋势。随着硅酸钠占粉料质量分数的不断增大,凝结时间也呈现先增大后减小的趋势。随着 m 粉煤灰 ：m 煤气化渣不断增大，凝结时间呈现不断上升的趋势。随着减水剂掺量的不断增大，凝结时间先增大后减小，呈现中间最大的趋势。由此可见，在水玻璃模数为 1.4，硅酸钠占粉料质量分数在 35%，m 粉煤灰 ：m 煤气化渣为 35：65，减水剂掺量为 1.5% 时透水材料的凝结最快。

综上所述，根据正交试验的数据与极差分析可得，材料最好的配比为水胶比为 0.45，砂率为 0.5，水玻璃的模数为 1.2，硅酸钠占粉料质量分数为 35%，m 粉煤灰 ：m 煤气化渣的比例为 50：50 和 1.2% 掺量的萘系高效减水剂。

以该配比配制透水材料，可以发现在该配比下的材料的 28d 抗压强度可以达到 28.3MPa，符合要求。

2. 煤矸石粒径对性能的影响

选用 0.16～0.6mm、0.6～2.5mm 和 2.5～5.0mm 3 种不同粒径的煤矸石对透水混凝土的抗压强度和抗折强度进行研究。

不同粒径煤矸石下透水混凝土的抗压强度和抗折强度见表 3-9。由表可知，随着煤矸石粒径不断增大，透水混凝土的抗压强度不断减小，在煤矸石粒径为 0.16～0.6mm 时，抗压强度能达到 29.32MPa。随着煤矸石粒径的不断增大，透水混凝土的抗折强度先增大后减小，在煤矸石粒径为 0.6～2.5mm 时，抗折强度能达到 1.9MPa。

表 3-9　不同粒径煤矸石下透水混凝土的抗压强度和抗折强度

煤矸石粒径/mm	抗压强度/MPa	抗折强度/MPa
0.16～0.6	29.32	1.0
0.6～2.5	20.13	1.9
2.5～5.0	15.42	0.7

3. 透水混凝土基本性能

透水混凝土不同龄期的抗压强度、抗折强度和劈裂抗拉强度分别见表 3-10、表 3-11、表 3-12。由表可知，透水混凝土 28d 抗压强度为 28.3MPa，28d 抗折强度为 1.83MPa，28d 劈裂抗拉强度为 2.75MPa。

表 3-10　透水混凝土不同龄期的抗压强度

试件类别	养护天数/d	最大荷载/kN	抗压强度/MPa
透水混凝土	3	283.26	10.6
	7	380.13	18.4
	14	382.28	23.2
	28	451.64	28.3

表 3-11　透水混凝土不同龄期的抗折强度

试件类别	养护天数/d	最大荷载/kN	抗折强度/MPa
透水混凝土	3	6.32	0.71
	7	9.51	0.96
	14	10.73	1.43
	28	11.21	1.83

表 3-12　透水混凝土不同龄期的劈裂抗拉强度

试件类别	养护天数/d	最大荷载/kN	劈裂抗拉强度/MPa
透水混凝土	3	38.34	1.13
	7	45.01	1.82
	14	51.94	2.16
	28	60.81	2.75

透水混凝土冻融循环不同次数的质量损失、强度损失率和质量损失率见表 3-13、表 3-14。

表 3-13　透水混凝土冻融循环不同次数的质量损失

冻融循环次数	Δm_1/kg	Δm_2/kg	Δm_3/kg	Δm_4/kg	Δm_5/kg
0	8.75	8.50	8.57	8.77	8.65
25	8.70	8.46	8.54	8.72	8.61
40	8.66	8.41	8.52	8.68	8.56
60	8.31	8.17	8.21	8.47	8.36

注：Δm_i 表示第 i 次平行试验的质量损失。

表 3-14　透水混凝土冻融循环不同次数的强度损失率和质量损失率

冻融循环次数	强度损失率/%	质量损失率/%
25	10.23	0.64
40	25.63	1.35
60	42.34	5.02

4. 微观分析

不同粉煤灰比例样品的 SEM 照片见图 3-5。由图可知，随着粉煤灰含量增加，水化反应进展较快，生成大量具有胶凝活性的水化产物，对骨料的包裹性较好，骨料界面结合情况良好，混凝土内部的微裂纹明显较少。

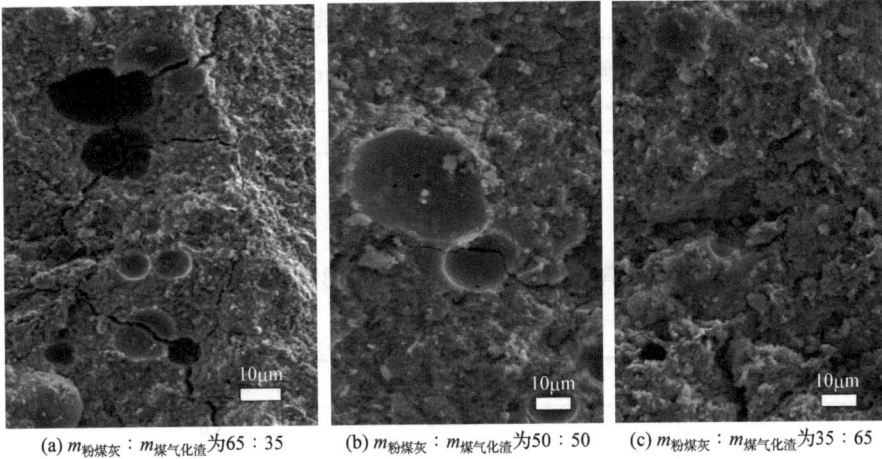

(a) $m_{粉煤灰}$: $m_{煤气化渣}$为65：35　　(b) $m_{粉煤灰}$: $m_{煤气化渣}$为50：50　　(c) $m_{粉煤灰}$: $m_{煤气化渣}$为35：65

图 3-5　不同粉煤灰比例样品的 SEM 照片

透水混凝土的 X 射线衍射图见图 3-6，分析可知，透水混凝土含有未水化完全的石英(SiO_2)和莫来石($3Al_2O_3 \cdot 2SiO_2$)晶体，以及硅酸钠($Na_2O \cdot 2SiO_2$)等。

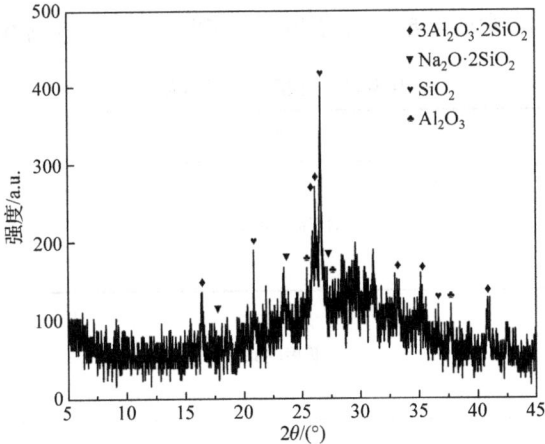

图 3-6　透水混凝土的 X 射线衍射图

3.1.4　透水材料优化试验

在水胶比为 0.45，砂率为 0.5，水玻璃的模数为 1.2，硅酸钠占粉料质量分数为 35%，$m_{粉煤灰}$: $m_{煤气化渣}$的比例为 50：50 和 1.2%掺量萘系高效减水剂的配比条件下，通过加入碳纤维研究碳纤维对改性透水材料性能的影响。

1. 碳纤维

碳纤维选择 T300 型号，碳纤维基本性能见表 3-15。

表 3-15　碳纤维基本性能

型号	拉伸强度/MPa	拉伸模量/GPa	密度/(kg/m³)	伸长率/%	直径/μm	长度/mm
T300	3530	230	1780	1.5	7	15～20

2. 试验配比

碳纤维的体积分数选择见表 3-16，具体为 1.0%、1.5%、2.0%。

表 3-16　优化试验表

试验号	碳纤维体积分数/%
1	1.0
2	1.5
3	2.0

3. 试验结果和分析

碳纤维对透水材料抗压强度、扩展度和凝结时间等考察指标试验结果见表 3-17。

表 3-17　各指标的试验结果

试验号	考察指标	试验结果
1		25.4
2	抗压强度/MPa	30.2
3		26.4
1		220
2	扩展度/mm	272
3		245
1		13.9
2	凝结时间/h	14.3
3		15.2

碳纤维体积分数对抗压强度、扩展度和凝结时间的影响图见图 3-7。根据图可以看出，随着碳纤维体积分数的不断增大，抗压强度呈现先增大后减小的趋势，扩展度呈现先增大后减小的趋势，凝结时间呈现不断上升的趋势。碳纤维价格较高，综合比较价格、使用性能等方面的因素，碳纤维体积分数宜使用 1.0%～1.5% 进行透水材料配制。

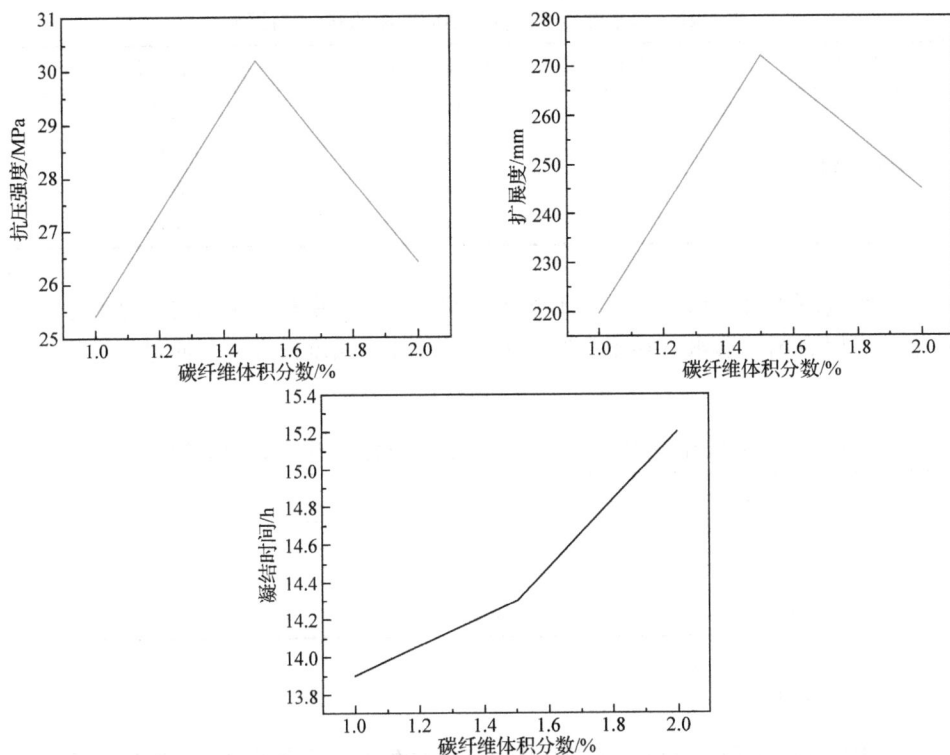

图 3-7 碳纤维体积分数对抗压强度、扩展度和凝结时间的影响

4. 改性透水混凝土基本性能

透水混凝土改性后不同龄期的抗压强度、抗折强度和劈裂抗拉强度分别见表 3-18、表 3-19 和表 3-20。由表可知，改性后透水混凝土 28d 抗压强度为 27.4MPa，28d 抗折强度为 2.04MPa，28d 劈裂抗拉强度为 3.04MPa。

表 3-18 透水混凝土改性后不同龄期的抗压强度

试件类别	养护天数/d	最大荷载/kN	抗压强度/MPa
	3	286.42	10.1
透水混凝土	7	314.85	17.6
	14	346.43	21.5
	28	425.33	27.4

表 3-19 透水混凝土改性后不同龄期的抗折强度

试件类别	养护天数/d	最大荷载/kN	抗折强度/MPa
	3	8.65	0.92
透水混凝土	7	9.23	1.16
	14	10.31	1.59
	28	11.53	2.04

表 3-20　透水混凝土改性后不同龄期的劈裂抗拉强度

试件类别	养护天数/d	最大荷载/kN	劈裂抗拉强度/MPa
透水混凝土	3	12.85	1.29
	7	47.61	2.04
	14	49.64	2.42
	28	54.39	3.04

透水混凝土改性后冻融循环不同次数的强度损失率和质量损失率见表 3-21。从表中可以看出，透水混凝土在经过碳纤维改性后强度损失率与质量损失率都有所下降。

表 3-21　透水混凝土改性后冻融循环不同次数的强度损失率和质量损失率

冻融循环次数	强度损失率/%	质量损失率/%
25	6.23	0.50
40	20.63	1.03
60	36.34	4.64

5. 微观分析

透水混凝土改性后的 SEM 图见图 3-8。与图 3-5 对比可知，改性后的透水混凝土的微裂纹相较于改性前明显减少，孔隙率也不断降低，骨料与地质聚合物混凝土水化产物的界面结合较好，混凝土结构更致密，强度明显提高。

图 3-8　透水混凝土改性后的 SEM 图

透水混凝土改性前后的 X 射线衍射图见图 3-9。由图可知，透水混凝土改性前后都有未水化完全的石英(SiO_2)、莫来石($3Al_2O_3 \cdot 2SiO_2$)晶体，以及硅酸钠 $Na_2O \cdot 2SiO_2$，但是水化产物不同，一个是钠沸石($Na_2[Al_2Si_3O_{10}] \cdot 2H_2O$)，另一个是八面沸石($Na_2[Al_2Si_4O_{12}] \cdot 8H_2O$)，另外可见碳纤维形成的碳结晶峰。

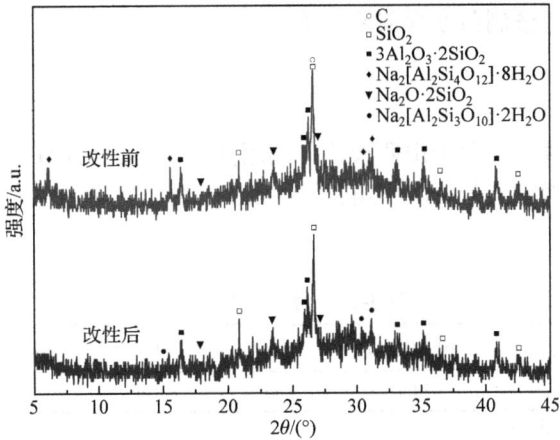

图 3-9　透水混凝土改性前后的 X 射线衍射图

3.2　粉煤灰基分子筛的制备及其性能

　　从我国近几年粉煤灰利用途径来看，水泥、混凝土和建材生产 3 个方面仍是粉煤灰利用的主体，粉煤灰是一种由煤炭燃烧后产生的一种典型的工业固体废物[4,5]。我国目前对粉煤灰的利用还主要集中在低值化利用领域，但是近年来，随着建材市场逐渐饱和，粉煤灰在这些行业的利用受到限制。因此，寻求高值化的利用途径对粉煤灰处理和环境改善都至关重要。粉煤灰的高值化利用包括制备陶瓷材料，提硅提铝及制备沸石分子筛等方面。沸石分子筛是一种人工合成的具有规则微孔的硅铝酸盐晶体，具有离子交换、吸附和催化等性能，广泛地应用于石油化工、废水、废气处理等领域[6,7]。通过建立粉煤灰的活化工艺及方法，使其中的硅和铝充分活化，从而使粉煤灰得到有效利用；同时优化沸石分子筛的制备条件，提高粉煤灰中 SiO_2、Al_2O_3 利用率，制备高附加值的分子筛材料，并将制备的分子筛材料用于污染物控制的吸附、催化等领域。

　　粉煤灰所含的硅铝晶体是其化学活化性能的关键因素。利用碱熔与酸浸进行化学活化，破坏 Si—O 和 Al—O，使其生成可溶解的硅铝酸盐。分别对碱熔过程的温度、时间、灰碱比，以及酸浸过程中水浴时间、温度及酸浓度对硅铝提取率的影响进行研究。将从粉煤灰中得到的硅铝与碱、去离子水进行混合，制备得到结晶度高的分子筛样品，并对制备出的分子筛样品进行性能测试。通过负载不同金属离子制备出负载型催化剂。在普通曝气装置中利用负载型催化剂催化臭氧处理苯酚废水，得到较优的金属离子负载型催化剂，然后在超重力旋转填料床中探究不同臭氧浓度、液体流量及超重力因子等条件对试验结果的影响，评判负载型催化剂对废水的处理效果。

3.2.1 碱熔融水热法制备粉煤灰基分子筛

1. 试验原料

试验所用粉煤灰来源于山西长治，利用 X 射线荧光(XRF)光谱仪对试验所用的粉煤灰进行元素定量分析(输出电压 0～5kV，最大功率 50W)，得到粉煤灰主要组分见表 3-22。

表 3-22　粉煤灰主要组分

$w(SiO_2)/\%$	$w(Al_2O_3)/\%$	$w(Fe_2O_3)/\%$	$w(CaO)/\%$	$w(MgO)/\%$	$w(其他)/\%$	硅铝原子比
50.77	31.70	5.06	1.66	0.77	10.04	1.36

注：$w(i)$表示 i 的质量分数。

由表 3-22 可知，粉煤灰中含量最多的成分为 SiO_2 和 Al_2O_3，占总组分的质量分数为 82.47%，硅铝原子比为 1.36，可以为合成分子筛提供丰富的硅源和铝源。杂质氧化铁和氧化钙较多，共占 6.72%，其他杂质相对较少。通过 XRD 图(图 3-10)分析粉煤灰的物相组成发现，粉煤灰中的主要物相为莫来石和石英，两种物相的主要成分为 Al_2O_3 和 SiO_2。2θ 在 $10°～25°$存在一个明显的弥散状的包峰，这是无定形二氧化硅的弥散峰，说明粉煤灰中含有大量的非晶形玻璃相物质，而硅铝以晶体的形式存在，化学活性较低。用粉煤灰合成分子筛主要是利用其中的 SiO_2 和 Al_2O_3，故必须使粉煤灰发生活化，破坏石英和莫来石的结构，活化玻璃体内结晶物质晶格中的硅铝酸盐。粉煤灰晶体晶格中的硅铝酸盐具有 Si—O—Si 和 Si—O—Al 的网络结构，使得它的活性较低。碱熔融就是加碱(NaOH、KOH 和 Na_2CO_3)和粉煤灰一起高温焙烧，破坏石英和莫来石结构，释放出硅和铝。它的原理就是具有离子键的 Na_2O 的键强明显小于共价键的 Si—O 和部分共价键的 Al—O，使得 Na_2O 中的 O^{2-}易被 Si^{4+} 和 Al^{3+}夺去，硅铝酸盐长链在得到足够多的 O^{2-}后断裂成若干硅酸盐和铝酸盐的短链，在碱激发剂的作用下，原来稳定的链状结构被破坏，变为三维空间结构，硅铝物质分解成合成分子筛所需的活性硅铝化合物——可溶性的霞石($NaAlSiO_4$)，其原理如式(3-1)和式(3-2)所示：

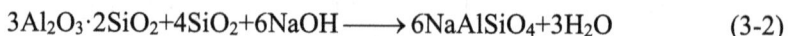

$$SiO_2+2NaOH \longrightarrow Na_2SiO_3+H_2O \tag{3-1}$$

$$3Al_2O_3 \cdot 2SiO_2+4SiO_2+6NaOH \longrightarrow 6NaAlSiO_4+3H_2O \tag{3-2}$$

2. 试验方法

取一定量的粉煤灰，研磨一段时间后，并过 200 目筛，取过筛后一定质量的

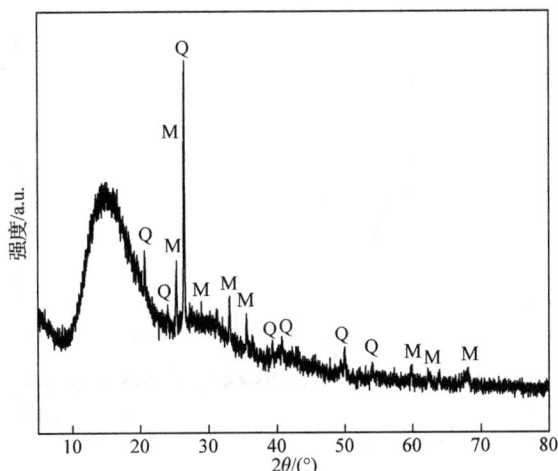

图 3-10　粉煤灰 XRD 图

M-莫来石；Q-石英

粉煤灰放在马弗炉里，加热到 800℃后，保温 3h，取出。取出后得到的粉煤灰利用去离子水进行洗涤，抽滤后置于烘箱烘干。将烘干后的粉煤灰与氢氧化钠按照一定质量比混合均匀后，研磨过 200 目筛，置于马弗炉设置一定温度焙烧一段时间后得到熟料。将熟料研磨后与去离子水按照一定比例混合搅拌一段时间后离心，得到的前驱体溶液移入水热釜并置于干燥箱，设置一定温度晶化一定时间，得到的产物用去离子水洗涤至中性后过滤干燥，得到分子筛样品。

3. 试验结果与讨论

1) 碱熔融条件对分子筛样品的影响

以碱灰比为 1.25 混合后在 700℃下焙烧 2h，得到的熟料经研磨后与水按照 1∶5 的质量比混合搅拌 30h 后离心，得到的前驱体溶液移入水热釜并置于烘箱，设置温度为 105℃晶化 8h，得到的产物用去离子水洗涤至中性后过滤干燥，得到分子筛样品。通过分析 XRD 图(图 3-11(a))可知，10°～25°仍存在玻璃相，合成样品与标准数据库里的粉末衍射文件(PDF)卡片对比，SiO_2(PDF#42-0217)的特征峰几乎重合，表明产物含有大量的多晶石英。观察傅里叶变换红外光谱(FTIR)图(图 3-11(b))可得，除了在 3445cm^{-1} 处和 1632cm^{-1} 处具有水分子中 O—H 的伸缩振动吸收峰及弯曲振动吸收峰外；在 984cm^{-1} 处出现了分子筛骨架 T—O—T(T=Si 或 Al)反对称性伸缩振动吸收峰，674cm^{-1} 处为分子筛骨架 Si—O—Si 对称性伸缩振动吸收峰，说明此时产物中主要化学成分为 SiO_2。分析可能是因为 700℃时焙烧温度低，未能有效活化粉煤灰，粉煤灰中的硅铝在水热法制备粉煤灰基分子筛的结构反应不完全，结晶性较差，产物含有大量非晶相物质。

(a) 样品XRD图

(b) 样品FTIR图

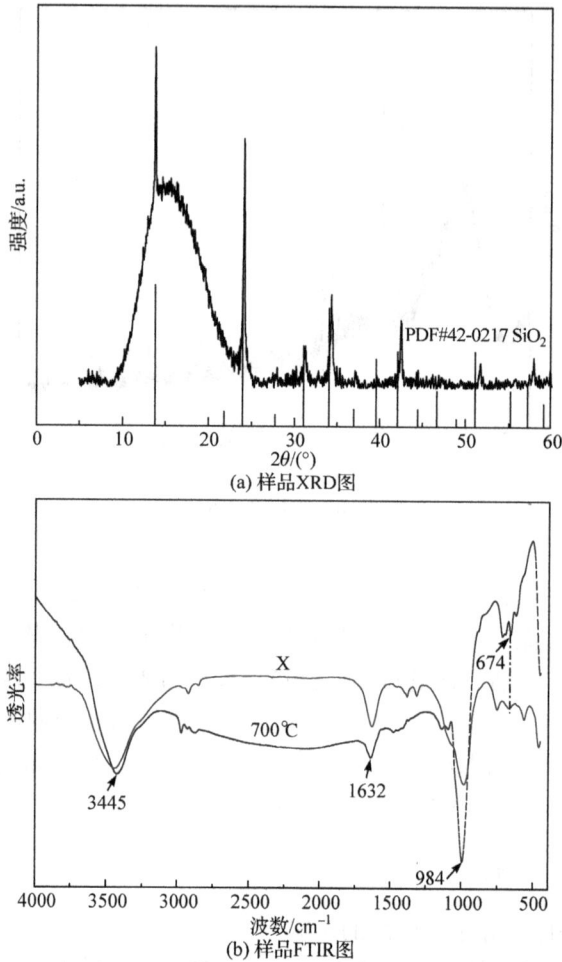

图 3-11　700℃、碱灰比 1.25 条件下样品的 XRD 图和 FTIR 图

图中 X 表示商业级 X 型分子筛，用于验证粉煤灰基分子筛制备是否成功，本章余同

后续探索提高温度及改变灰碱比，对样品进行 FTIR 表征观察其官能团，结果见图 3-12，温度为 800℃，碱灰比为 1.25，以及温度为 750℃，碱灰比为 1.75 时，除了在 984cm^{-1} 处以及 674cm^{-1} 处出现了分子筛骨架对称性伸缩振动吸收峰外，在 561cm^{-1} 处还出现了分子筛结构中双环的特征峰，代表结构中有四元环产生，骨架结构中[SiO$_4$]、[AlO$_4$]四面体重组排列形成 X 分子筛骨架结构，相对结晶度增加，有分子筛样品生成，说明提高温度和增加碱灰比均有利于粉煤灰的活化。

2) 添加晶种法对分子筛样品的影响

试验研究了添加晶种对分子筛样品的影响，添加晶种法是指使得溶液中的硅酸根和偏铝酸根离子可以直接在晶种的基础上生长，不需要经历成核过程，不仅

(a) 800℃,碱灰比为1.25

(b) 750℃,碱灰比为1.75

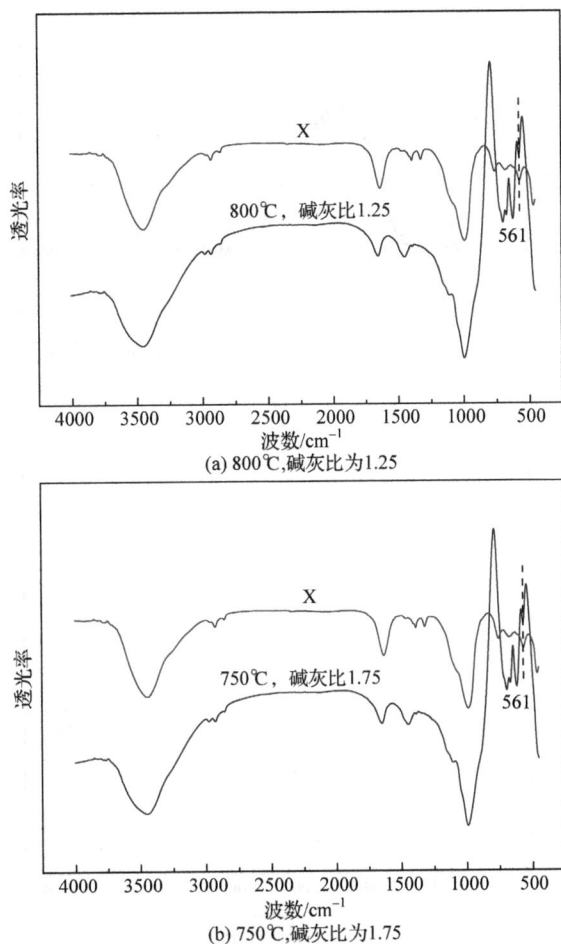

图 3-12　不同碱熔融条件下样品 FTIR 图

可以缩短分子筛的合成周期，而且由于晶种的导向作用，还可以减少杂晶的生成。本试验在原有试验基础上加入体积分数 1.5%的晶种($18Na_2O \cdot Al_2O_3 \cdot 14SiO_2 \cdot 370H_2O$)，观察 XRD(图 3-13(a))可知，在晶种的诱导作用下出现了 X 型分子筛的特征峰，但特征峰强度不高，说明结晶度不高，这是因为 700℃左右粉煤灰活化不完全，仍有大量的玻璃相存在，硅铝酸盐结合生成的样品出现其他分子筛的杂峰。观察 FTIR (图 3-13(b))发现，在 561cm⁻¹ 处出现了分子筛结构中双环的特征峰，代表结构中有四元环产生，但峰强度不明显，结晶度较低。

同样在添加晶种的基础上提高温度和增加碱灰比，观察 FTIR(图 3-14)，对比发现，提高温度和增加碱灰比均有利于结晶，且 750℃下碱灰比为 1.75 时要比 800℃下碱灰比为 1.25 时特征峰更明显，说明一定温度范围内碱灰比增加有利于粉煤灰的活化。

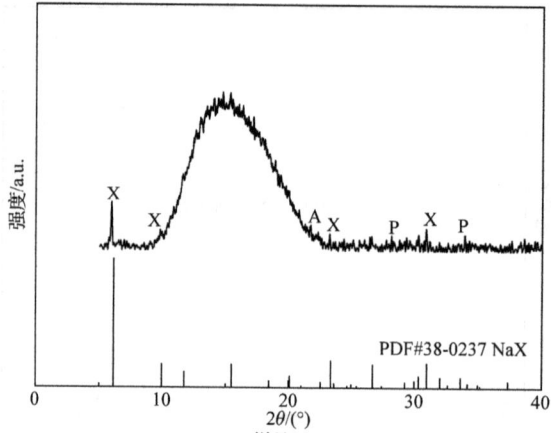

(a) 样品XRD图

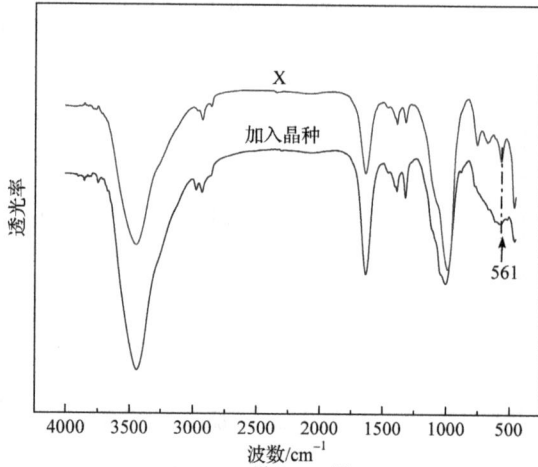

(b) 样品FTIR图

图 3-13　添加晶种法样品 XRD 图和 FTIR 图

X-X 型分子筛；A-A 型分子筛；P-P 型分子筛

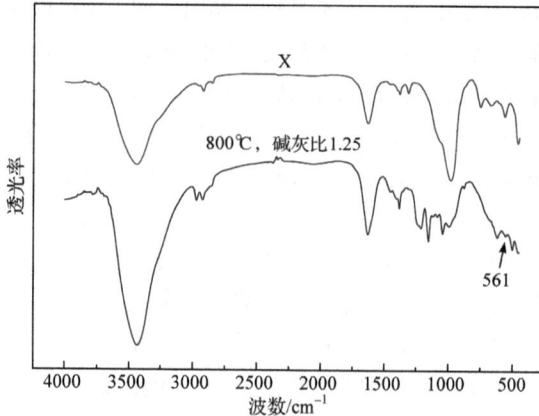

(a) 800℃,碱灰比为1.25

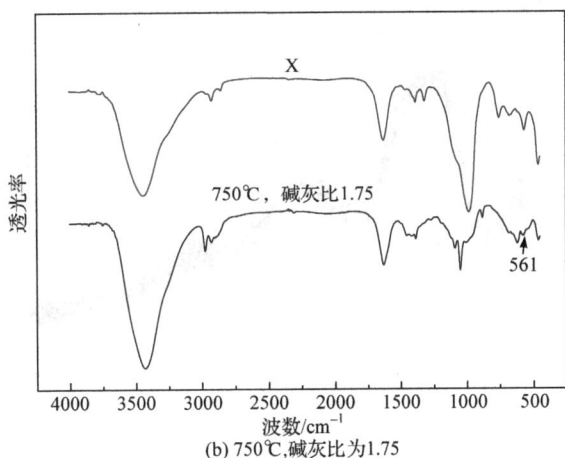

(b) 750℃,碱灰比为1.75

图 3-14　不同条件下样品 FTIR 图

3) 酸浸预处理对分子筛样品的影响

粉煤灰中少量的杂质影响制备分子筛的纯度，增加了制备过程的难度，因此在粉煤灰的前期预处理过程中进行酸浸除杂。在其他条件不变的情况下，碱熔之前按照粉煤灰与 HCl 质量比为 1：10，在 80℃水浴加热条件下分别搅拌酸浸 2h 与 6h，合成分子筛的 XRD 图(图 3-15(a))与标准卡片对比发现，出现了 NaP 型分子筛的特征峰，说明酸浸除杂过程中有铝溶出，硅铝比改变，生成 NaP 型分子筛，但特征峰强度不高，结晶度较低，且杂峰较多。酸浸 6h 后制备样品 XRD 图(图 3-15(b))无明显的特征峰，考虑是酸浸时间过长造成铝元素流失率增大，因此最佳酸浸时间应控制在 2h。对比样品 FTIR 图(图 3-15(c))可知，561cm^{-1} 处出现 NaP 型分子筛结构中双环的特征峰，但由于产品结晶度低，特征峰不明显。

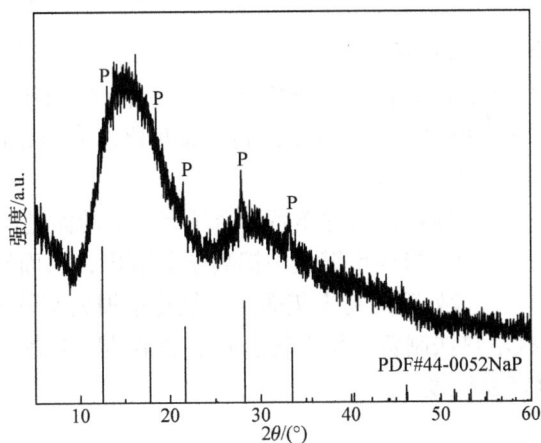

(a) 酸浸2h后样品XRD图

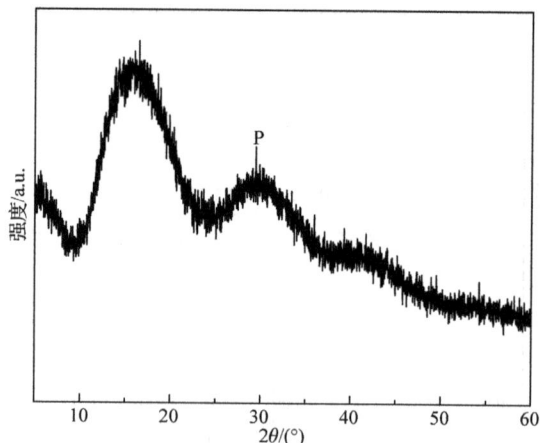

(b) 酸浸6h后样品XRD图

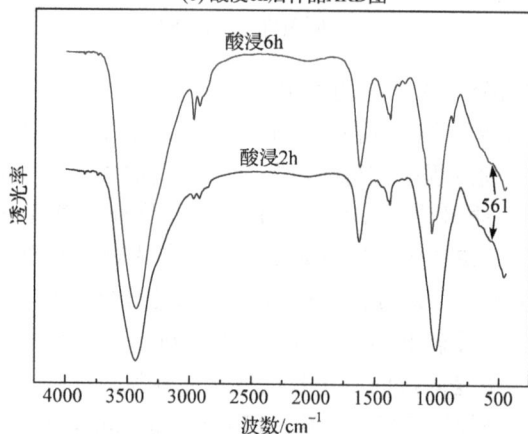

(c) 样品FTIR图

图 3-15　不同酸浸条件下样品 XRD 图和 FTIR 图

通过以上试验，得到如下结论：

(1) 利用碱熔融水热法制备粉煤灰基分子筛，增大碱灰比与提高焙烧温度均有利于粉煤灰的活化，但要注意，温度过高、碱灰比过大会导致熟料过于坚硬不易破碎，无法开展下一步利用。

(2) 添加晶种和酸浸预处理均对样品的结晶有一定的促进作用。

(3) 酸浸除杂预处理会造成粉煤灰中铝离子的溶出，从而导致粉煤灰中硅铝比发生变化，对于大批量处理的粉煤灰而言，氧化铝损失率较大。

(4) 使用碱熔融水热法制备的粉煤灰基分子筛结晶度不高，纯度较低，考虑使用其他方法来提高产品纯度。

3.2.2 碱熔酸浸两步法制备粉煤灰基分子筛

1. 粉煤灰原料中硅、铝元素的提取试验

1) 试验工艺流程

粉煤灰中除了硅、铝外，还有氧化铁、氧化钙等杂质，影响分子筛的结晶度与纯度，需要进行酸浸除杂处理。碱融后将熟料与酸混合进行酸浸，铝溶于酸变为氯化铝，硅转化为硅胶，后续通过调节 pH 除去铁等杂质，得到纯净的氢氧化铝与硅酸钠，其原理如式(3-3)～式(3-6)所示，具体工艺流程图见图 3-16。

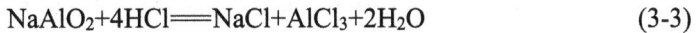

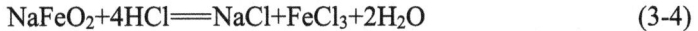

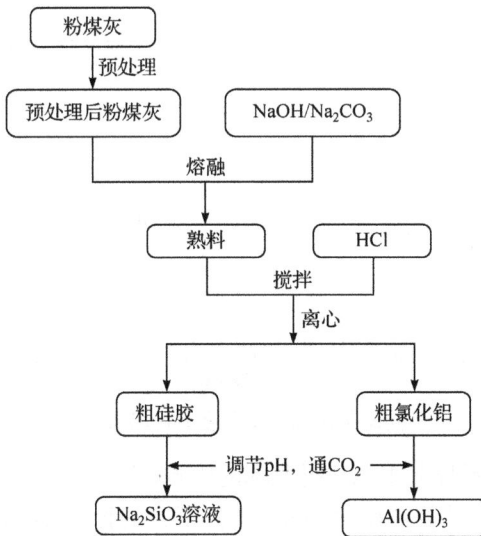

$$NaAlO_2+4HCl \Longrightarrow NaCl+AlCl_3+2H_2O \tag{3-3}$$

$$NaFeO_2+4HCl \Longrightarrow NaCl+FeCl_3+2H_2O \tag{3-4}$$

$$Na_2SiO_3+2HCl \Longrightarrow 2NaCl+H_2SiO_3(胶体) \tag{3-5}$$

$$Ca_2SiO_4+4HCl \Longrightarrow 2CaCl_2+H_2SiO_3(胶体)+H_2O \tag{3-6}$$

图 3-16　粉煤灰活化提取硅铝组分工艺流程图

2) 粉煤灰提取硅铝试验

取一定量粉煤灰(SiO_2 和 Al_2O_3 总质量分数为 82.47%，硅铝原子比为 1.36)移入马弗炉中，加热到一定温度后保温一段时间，待冷却后取出。将得到的粉煤灰用去离子水洗涤后过滤，在 105℃干燥 12h，研磨过 200 目筛。

取一定量预处理后的粉煤灰与 Na_2CO_3，按照一定质量比混合均匀后置于刚玉坩埚中，在马弗炉中于一定温度下焙烧一段时间后，得到熟料。待冷却后将熟料研磨过 200 目筛。将过筛后的熟料在烧杯中按照液固比为 10 的条件与一定浓度

的盐酸进行混合,在水浴锅中进行搅拌,升温至 60~80℃,搅拌一定时间,静置一段时间后离心分离,得到粗硅胶与粗氯化铝溶液。对分离出来的硅铝源分别进行提纯,粗硅胶经浓碱溶解后过滤,得到硅酸钠溶液,向其连续通入 CO_2,产生透明的硅胶,经洗涤后加入 NaOH 溶液得到纯度较高的硅酸钠。采用调节 pH 法除去粗氯化铝溶液中铁离子,得到偏铝酸钠溶液,向其通入连续 CO_2,得到氢氧化铝沉淀,经过煅烧,得到纯度较高的氧化铝。

3) 试验结果与讨论

(1) 碱熔条件对粉煤灰中 Al^{3+} 提取率的影响。

试验设置了焙烧温度(750℃、800℃)和碱灰比(Na_2CO_3 与粉煤灰的质量比=1、1.25、1.5、1.75)为变量,观察不同条件下的 Al^{3+} 提取率。粉煤灰中 Al^{3+} 提取率见图 3-17,根据试验结果可以得出,焙烧温度对粉煤灰的活化影响高于碱灰比,综合考虑碱用量与试验结果,碱熔的适宜条件为碱灰比 1.5,焙烧温度 800℃。

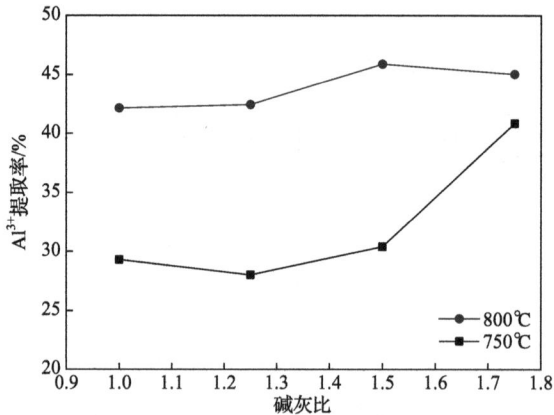

图 3-17   不同碱灰比和焙烧温度下粉煤灰中 Al^{3+} 提取率

(2) 酸浸条件对粉煤灰中 Al^{3+} 提取率的影响。

在碱灰比为 1.5,焙烧温度为 800℃条件下,试验对酸浸条件进行了研究。设置了盐酸浓度(2mol/L、3mol/L、4mol/L、5mol/L)和酸浸温度(60℃、70℃、80℃)为变量。粉煤灰中 Al^{3+} 提取率见图 3-18,根据试验结果并且综合考虑盐酸用量,酸浸的适宜条件为盐酸浓度 4mol/L,酸浸温度 80℃。

(3) 制备氢氧化铝。

根据金属氢氧化物沉淀完全时的 pH 不同,用低浓度的氢氧化钠溶液调节 pH 约为 3.5 除铁,向除铁之后的滤液继续用氢氧化钠溶液调整 pH 至 12.5,得到少量氢氧化镁等其他杂质离子沉淀,过滤,向滤液中连续通入 CO_2 气体,通入一段时间后产生沉淀,直到沉淀不再增多为止。然后将沉淀抽滤出来,用去离子水洗涤多次后,烘干即可得到氢氧化铝。

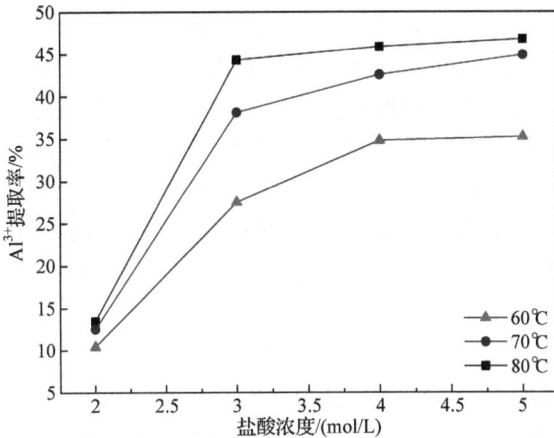

图 3-18 不同盐酸浓度和酸浸温度下粉煤灰中 Al^{3+} 提取率

(4) 制备硅酸钠。

酸浸后得到的硅胶含有少量的杂质,因此要对其除杂。将离心后的粗硅胶与 NaOH 溶液按照 1∶1 的体积比混合,并在水浴锅中于 60℃条件下搅拌 1.5h,得到 Na_2SiO_3 溶液与杂质沉淀,过滤后在 Na_2SiO_3 溶液中连续通入 CO_2 气体,至溶液 pH 稳定不变,将沉淀的硅酸进行抽滤、洗涤、干燥。发生的反应如式(3-7)、式(3-8)所示:

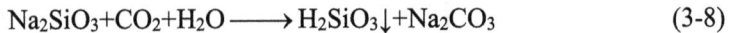

$$H_2SiO_3(胶体)+2NaOH \longrightarrow Na_2SiO_3+H_2O \tag{3-7}$$

$$Na_2SiO_3+CO_2+H_2O \longrightarrow H_2SiO_3\downarrow+Na_2CO_3 \tag{3-8}$$

将 2mol/L 的氢氧化钠逐滴滴入硅酸沉淀,直到硅酸沉淀完全溶解得到纯净的硅酸钠溶液,根据氢氧化钠的用量进而可以计算出硅酸钠的浓度。

通过上述试验得出以下结论:

第一,针对粉煤灰中温和条件下难以反应的矿物相(莫来石和石英),采用 Na_2CO_3 煅烧活化,成功破坏莫来石等矿物相,使其转化为易溶于酸碱的霞石相,提高了粉煤灰中硅铝的利用率。综合考虑碱用量与试验结果,碱熔的适宜条件为碱灰比 1.5,焙烧温度 800℃。

第二,盐酸浓度和酸浸温度的增加,可以提高粉煤灰中铝元素的提取率。根据试验结果并且综合考虑盐酸用量,酸浸的适宜条件为盐酸浓度 4mol/L,酸浸温度 80℃。

第三,用 NaOH 溶液调节 pH 法可有效除去粉煤灰中的 Fe、Ca、Mg 等杂质,得到较为纯净的氢氧化铝与硅酸钠溶液。

2. 粉煤灰基分子筛的制备

1) 试验方法

粉煤灰经过预处理和硅、铝分离提纯后,得到合成分子筛的原料为硅酸钠与氢氧化铝,合成分子筛的物料物质的量之比(物料比)为 $n(Na_2O)∶n(K_2O)∶n(Al_2O_3)∶$

$n(SiO_2)：n(H_2O)=5.5：1.65：1：2.2：122$，具体操作步骤如下：

按照物料比称取一定量氢氧化钠与氢氧化钾，加入水溶解为碱液，接着加入由粉煤灰制备的氢氧化铝进行搅拌溶解，再加入硅酸钠溶液，在磁力搅拌器上分别搅拌陈化 6h 与 36h，得到两组前驱体溶液。然后，将制得的前驱体溶液移至具有聚四氟乙烯内衬的不锈钢高压反应釜中，移至烘箱内在 105℃下水热晶化 12h。反应完成后将反应釜取出，冷却后对样品进行洗涤抽滤，用去离子水洗涤至 pH 在 8～9，将抽滤后得到的滤饼进行干燥，之后将烘干的粉末转移至马弗炉中，于500℃煅烧 3h 制得分子筛样品。

2) 试验结果与讨论

分别对两组不同陈化时间得到的分子筛样品进行 X 射线衍射分析和 FTIR 测试，结果见图 3-19，与 X 型分子筛标准卡片(PDF#38-0237)对比，样品特征峰高

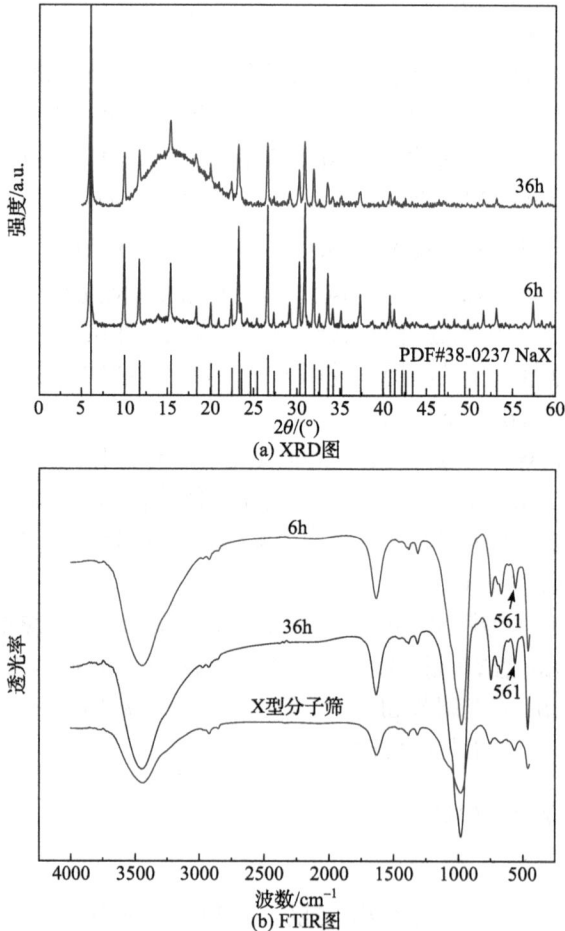

图 3-19　两步法制备粉煤灰基分子筛的 XRD 图和 FTIR 图

度重合，且峰强较强，说明结晶度高，同时杂峰较少，合成 13X 分子筛产品纯度较高。在陈化 36h 后，图中出现了二氧化硅弥散包峰，说明硅酸盐发生结晶现象，搅拌陈化时间不宜过长。观察 FTIR 图，合成产物具备了 X 型分子筛的所有特征峰，这与 XRD 图中生成完整 13X 分子筛晶体相对应。

通过以上试验对比可以看出，以粉煤灰为原料，利用两步法制备分子筛陈化时间短，结晶度高，纯度较高。

3.2.3　粉煤灰基分子筛的性能

1. 分子筛负载金属离子普通曝气法催化臭氧处理苯酚废水试验

试验对碱熔酸浸两步法制备出的分子筛进行负载催化性能研究。试验采用 500mL 玻璃柱接触反应器，该反应器在靠近底部 1/3 位置上安装有微孔隔板以支撑催化剂，底部连通一个圆柱形多孔曝气头以产生连续细密的臭氧气泡(图 3-20)。试验具体步骤如下：

(1) 称取一定量的硝酸锰、硝酸镍、硝酸铈，分别溶于水配制成浓度均为 0.5mol/L 的溶液。称取 15g 粉煤灰制备的分子筛，分为三组分别加入 100mL 含 Mn^{2+}、Ce^{3+}、Ni^{2+}的溶液中，常温浸渍 28h。将负载完成的分子筛从溶液中分离出来，置于烘箱中于 85℃ 干燥 13h，确保完全干燥后置于马弗炉中于 500℃ 焙烧 4h，得到负载型催化剂。

(2) 将 1g 上述催化剂置于接触反应器微孔隔板上方，反应器内装有 500mL 苯酚废水，臭氧自臭氧发生器产生，经气体流量计计量后通过接触反应器底部的多孔曝气头分散($c(O_3)$=50mg/L)，迅速与催化剂和苯酚废水进行反应，以一定时间间隔从取样口取样分析，根据苯酚废水的降解率评价该催化剂的催化活性。尾气经 2% KI 溶液吸收后排空。

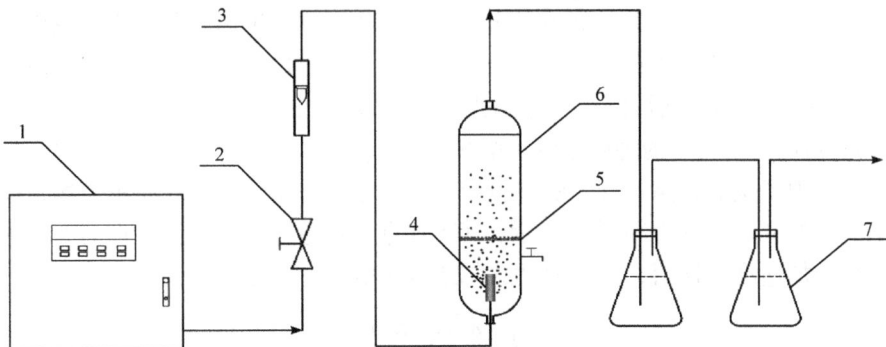

图 3-20　非均相催化臭氧降解苯酚废水工艺流程图
1-臭氧发生器；2-阀门；3-流量计；4-曝气头；5-微孔隔板；6-反应器；7-尾气吸收瓶

　　分别对含锰催化剂催化臭氧、含铈催化剂催化臭氧、含镍催化剂催化臭氧，以及单独臭氧进行了降解苯酚废水的试验，结果见图 3-21。通过对比发现，总有机碳(TOC)矿化率为含锰催化剂>含镍催化剂>含铈催化剂>单独臭氧。同时验证了利用碱熔酸浸两步法制备的粉煤灰基分子筛可作为优良的载体。

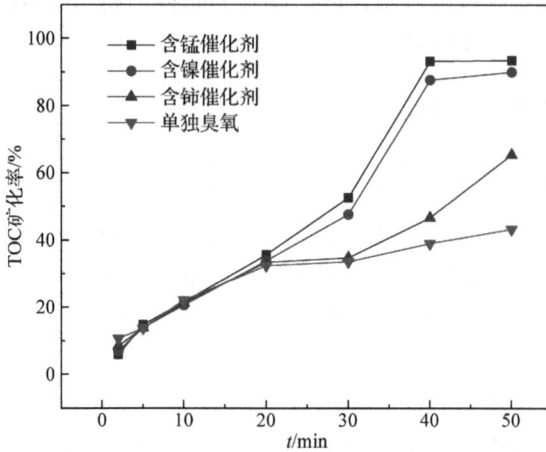

图 3-21　不同负载型催化剂对苯酚 TOC 矿化率的影响
t-时间

2. 分子筛负载锰离子在超重力旋转填料床中催化臭氧处理苯酚废水

　　本试验在超重力旋转填料床(RPB)中进行，将制备的锰基催化剂造粒后作为填料装入 RPB 中，催化剂用量为 15g，床层空隙率为 62%。储液槽中装有 1L 浓度为 100mg/L 的苯酚废水，经离心泵送入 RPB 的液体入口，经液体分布器被均匀甩入内腔，沿径向从床层内缘由内而外甩出。由臭氧发生器产生的臭氧经气体流量计计量后从 RPB 气体入口进入，自下而上穿过填料床层，与由内而外甩出的苯酚废水错流接触，在催化剂填料床层的催化作用下，迅速与苯酚废水发生臭氧化反应。反应后的液体在靠近壁面处汇集，自液体出口返回储液槽循环反应，尾气经 2% KI 溶液吸收后排空。具体试验装置见图 3-22。

　　1) 超重力场对苯酚降解率的影响规律

　　超重力场是通过高速旋转的填料产生的离心力作用实现的。超重力场强度用量纲为 1 的变量超重力因子(β)表示，其物理意义是超重力场下任意点的离心加速度与重力加速度的比值，具体表达式如式(3-9)所示：

$$\beta = \frac{\omega^2 r}{g} = \frac{N^2 r}{900} \tag{3-9}$$

式中，ω 为转子的旋转角速度(s^{-1})；r 为转子的平均半径(m)；g 为重力加速度($g=$

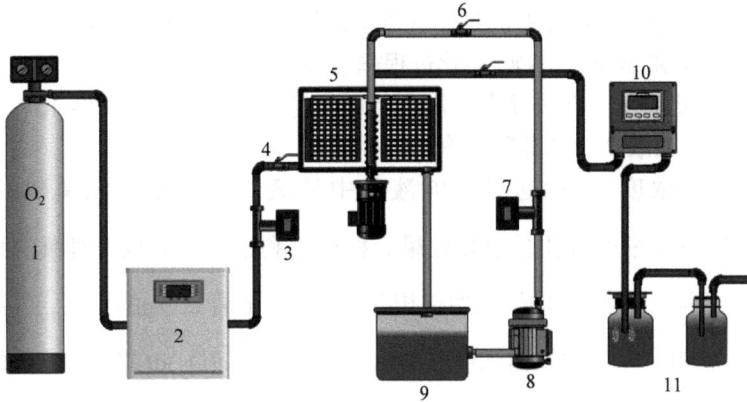

图 3-22　超重力强化非均相催化臭氧降解苯酚试验装置图

1-氧气钢瓶；2-臭氧发生器；3-气体流量计；4-进气控制阀门；5-旋转填料床；6-液体控制阀门；7-液体流量计；
8-离心泵；9-储液槽；10-气态臭氧检测仪；11-尾气吸收装置

$9.8\mathrm{m/s}^2)$；N 为转子转速(r/min)。

从图 3-23(a)可以看出，苯酚降解率随着超重力因子 β 的增大而增大。当 $\beta =$ 40 时，10min 时苯酚降解率几乎达到 100%，而 $\beta=10$ 时，30min 时才达到 100%。首先，随着超重力因子 β 的增大，液滴尺寸和液膜厚度减小，气液接触面积增大，传质阻力减小；同时，界面更新速率也随着超重力因子的增大而增大，在加快臭氧从气相到液相传质过程的同时，也强化了液相臭氧在催化剂填料表面的液固传质和催化分解为 · OH 的过程。也就是说，臭氧的体积传质系数和分解速率常数均随之增大，液相中的溶解臭氧浓度增加，分解产生的 · OH 增多，苯酚降解率随之提高。从图 3-23(b)可以看出，β 从 10 增加到 50，反应 40min 时 TOC 矿化率从 31%提高至 78%。随着 β 的不断增加，苯酚废水在超重力作用下被活性炭切割成细小的液体微元，增大了活性炭表面上气液、液固之间的界面面积。同时，气液两相界面迅速更新，臭氧气体更多进入苯酚溶液中，提高了液相臭氧浓度，对活性炭

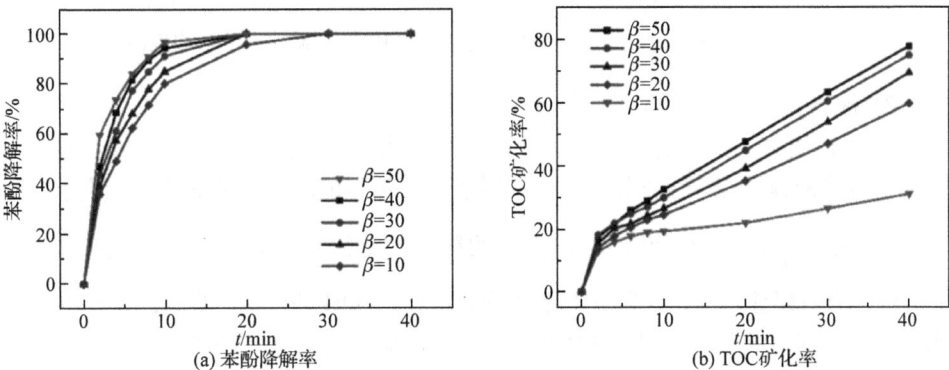

图 3-23　超重力因子 β 对苯酚降解率和 TOC 矿化率的影响规律

表面分解臭氧产生更多·OH 起到促进作用，从而使得溶液中 TOC 矿化率显著提升。当 β 为 40 和 50 时，TOC 矿化过程非常接近，说明 β 达到一定程度，相间接触面积达到一定峰值不会再发生变化，因此适宜的超重力因子为 β= 40。

2) 气相臭氧浓度对苯酚降解率的影响规律

气相臭氧浓度 $c(O_3)$ 通过影响液相中臭氧的平衡浓度和臭氧的累积量 $\int_0^t c(O_3)dt$ 影响苯酚的催化臭氧化效果。根据亨利定律，液相中臭氧的平衡浓度 $c(O_3)^*$ 与气相臭氧浓度 $c(O_3)$ 呈线性正相关。显然，随着 $c(O_3)$ 的提高，气液传质推动力增大，液相中臭氧的平衡浓度和臭氧的累积量 $\int_0^t c(O_3)dt$ 增加，苯酚的臭氧化效能随之提高。当入口气相臭氧浓度从 25mg/L 增大到 90mg/L，反应时间 40min 时，苯酚的降解率从 44%提高至 100%，苯酚降解率得到显著提高(图 3-24)。随着入口臭氧浓度及时间的不断增加，溶液中 TOC 矿化率也在逐渐增大，当臭氧浓度由 25mg/L 增大到 90mg/L，40min 后，溶液中 TOC 矿化率从 41%提高到 91%。随着臭氧浓度的增加，传质推动力增加，液相中臭氧平衡浓度增大，而且臭氧分解速率也提高，相应的·OH 产率提高，因此苯酚的降解效率提高。

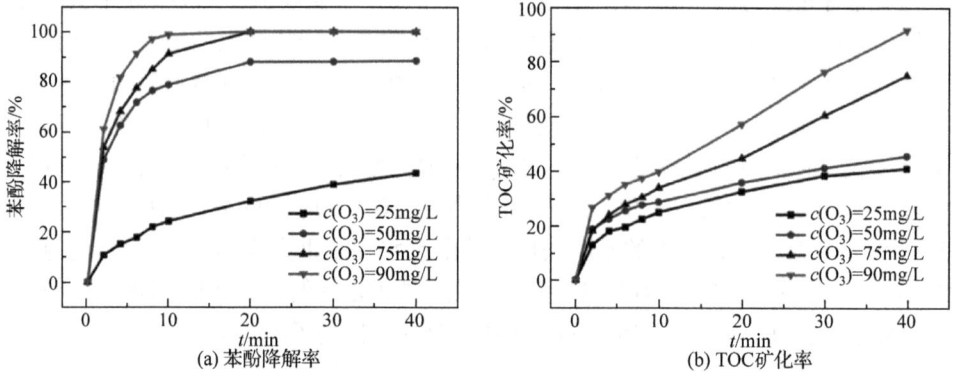

图 3-24　气相臭氧浓度 $c(O_3)$ 对苯酚降解率和 TOC 矿化率的影响规律

3) 液气比对苯酚降解率的影响规律

臭氧水溶性较差，其在液相中的扩散系数仅为气相的 1/104，因此臭氧在水中的传质过程受液体湍流程度的影响较大。随着液体流量的增大，臭氧体积传质系数增大，液相中的 $\int_0^t c(O_3)dt$ 相应增加，苯酚的臭氧化效率随之提高。对于非均相催化体系，根据有效碰撞理论，提高液体湍流程度有助于·OH 的产生。然而，由于 RPB 的水力停留时间对液气比有很大的依赖性，当液体流量增大时，RPB 的水力停留时间显著缩短，这对臭氧化过程是不利的。随着液气比(Q_L/Q_G)的增加，苯酚降解率略有提高，说明 RPB 内液体湍流程度增强带来的正面效应比液体停留时间缩短造成的负面效应更为显著(图 3-25)。当 Q_L/Q_G = 100/60 时，苯酚在 10min 内接近完全降解。不同 Q_L/Q_G 下，40min 后 TOC 矿化率由 49%提高到 88%，说明增加 RPB 中的液体流速可提高传质效率，显然，由于 RPB 内良好的液体分布，提高液体流速可以有效提高臭氧的传质效率，臭氧体积传质系数增大，液相臭氧溶解浓度增加，苯酚降解率随之提高。相反，气体流速越大，臭氧在 RPB 中的停留时间越短，导致臭氧利用率下降。

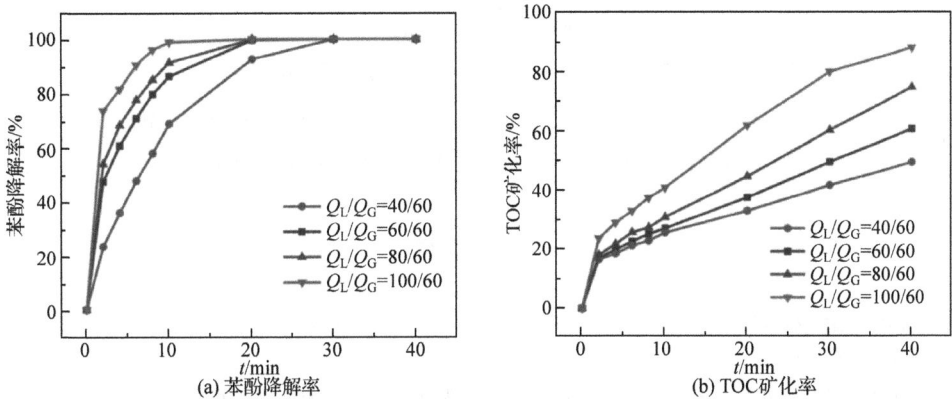

图 3-25　液气比 Q_L/Q_G 对苯酚降解率和 TOC 矿化率的影响规律

4) pH 对苯酚降解率的影响规律

pH 对非均相催化臭氧效能的影响规律主要通过影响催化剂表面羟基的带电性和臭氧的分解速率常数来体现。在反应过程前期，随着 pH 的增加，溶液中苯酚降解率也迅速增加，反应 20min 后苯酚降解率基本达到 100%(图 3-26)，这一结果与前期的研究结果基本一致。此外，体系中苯酚降解率及 TOC 矿化率均在碱性条件下更高，这是因为当 pH 增加时，溶液中的 OH^- 可与 O_3 发生反应产生·OH，促进了臭氧对苯酚的降解；当 pH 减小时，酸性环境中催化剂表面羟基去质子化，氢键作用削弱，不利于臭氧在催化剂表面的吸附分解。40min 时，在初始 pH=3～11 条件下，溶液中的 TOC 矿化率约从 70%增加至 82%，变化不大。这是因为苯酚逐步开环降解为小分子酸(草酸、马来酸、富马酸等)等中间产物，从而使得溶液中 pH 进一步降低。总之，溶液初始 pH 对苯酚降解率有显著影响，而对 TOC 矿化率作用不大。

综上所述，可以得出以下结论：

(1) 利用碱熔酸浸两步法制备的粉煤灰基分子筛可作为优良的载体。TOC 矿化率为含锰催化剂>含镍催化剂>含铈催化剂>单独臭氧。

(2) 在超重力场中可提高臭氧利用率，加强锰基催化剂催化臭氧处理苯酚废水，适宜的操作条件为超重力因子 β 为 40，气相臭氧浓度为 90mg/L，Q_L/Q_G 为 100/60，体系 pH 为 11，该条件下苯酚降解率可达 100%，TOC 矿化率可达 91%。

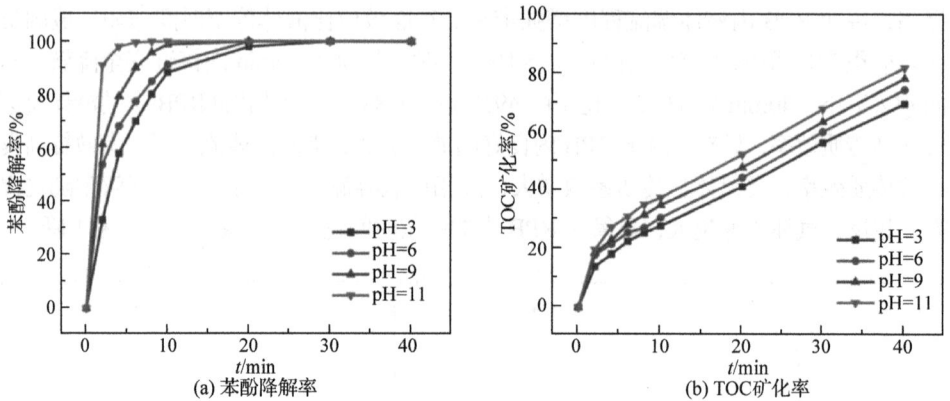

图 3-26　pH 对苯酚降解率和 TOC 矿化率的影响规律

参 考 文 献

[1] 杨利香, 宋兴福, 陆美荣, 等. 基于再生粗骨料裹浆厚度的含砂透水混凝土配合比设计方法[J]. 材料导报, 2022, 36(4): 111-117.

[2] 杨利香, 宋兴福, 陆美荣, 等. 骨料级配对再生骨料透水混凝土性能的影响研究[J]. 混凝土, 2021(12): 83-88.

[3] 黄志伟, 薛志龙, 郭磊, 等. 骨料级配对再生透水混凝土性能的影响[J]. 人民黄河, 2021, 43(4): 147-150, 154.

[4] Hong Z J, Li Z H, Du F, et al. Experimental investigation of the mechanical properties and large-volume laboratory test of a novel filling material in mining engineering[J]. Geomechanics and Geophysics for Geo-Energy and Geo-Resources, 2023, 9(1): 46.

[5] Watanabe Y, Jiemsirilers S, Kobayashi T. Lead immobilized fly ash-based geopolymer ceramics fabricated by microwave quick cure[J]. Journal of Chemical Engineering of Japan, 2023, 56(1): 2222780.

[6] Erten Y, Güneş-Yerkesikli A, Çetin A E, et al. CO_2 adsorption and dehydration behavior of LiNaX, KNaX, CaNaX and CeNaX zeolites [J]. Journal of Thermal Analysis and Calorimetry, 2008, 94(3): 715-718.

[7] Mazouz F, Abdelkrim S, Mokhtar A, et al. Removal of Cu (Ⅱ) Ions from aqueous solutions using chitosan/zeolite composites: Effects of the size of the beads and the zeolitic content[J]. Journal of Polymers and the Environment, 2023, 31(1): 193-209.

第4章 长治市城市发展总体定位
与产业结构特征识别

4.1 长治市城市发展总体定位

资源型城市是以资源产业为主要支柱的职能型城市，是我国众多城市的重要组成部分，在推进工业化建设的过程中，资源型城市发挥了举足轻重的作用，在促进地区经济发展、解决社会就业问题等方面做出了巨大贡献。然而，随着城市绿色发展需求不断增加，以及可利用资源逐渐减少，资源型城市可持续发展面临严峻挑战。

资源禀赋是地区经济发展的基础，矿产资源丰富的地区更易形成以资源型产业为主导的产业结构，在城市群分工中倾向于发展资源更密集的重型工业。然而，资源型城市的发展具有鲜明的产业生命周期特征，在早期，凭借资源优势起步快、发展迅速，但随着资源的大量开采与加工，面临着资源逐渐减少甚至枯竭的困境，进入资源型城市发展的后期，成为资源枯竭型城市，资源优势不复存在，这导致城市的发展步履维艰，再加上在资源开采的过程中缺乏对生态环境的有效保护，城市的自然生态环境也遭到不同程度的破坏，使资源枯竭型城市成为区域发展中矛盾集中凸显的问题区域。

资源型城市的早期经济发展依赖于城市资源禀赋的特点。因此，其他经济要素的发展往往也是围绕资源型产业为中心发展起来的，即经济上的资源"路径依赖"。根据报酬递增的正反馈机制理论，资源型城市会大力发展与资源类产业关联的产业结构，而其他产业的前景会随着时间的推移慢慢失去发展优势和机会，最终该城市被定位在以资源开发和加工为主体的产业中，使该资源成为其唯一的竞争优势。资源型城市由于资源外运形成的运输体系有利于重工业的发展，但不利于产业结构朝着低碳化方向升级。还有就是锁定效应，资源型城市的产业发展容易局限于原有的发展观念、技术轨道和制度体系，阻碍了接续替代产业的培育和发展。

资源型城市产业发展转型已经成为全球关注的重大命题和国家发展的重要战略。长治是典型的煤炭资源型城市，存在产业结构单一、发展方式粗犷、环境污染等问题，资源枯竭带来产业效益萎缩、替代产业不足和产业竞争力低等问题，产业转型升级迫在眉睫。2017 年，长治入选国家老工业城市和资源型城市产业转型升级示范区[1]，2021年成功申报全国首批系统化全域推进海绵城市建设示范城市[2]，海绵城市建设将成为城市产业转型的重要推动力。

对资源型城市转型来说，生态环境的改善和产业结构的调整是密不可分的，海绵城市试点政策对城市生态环境的改善起到了一定的促进作用，且政策的实施对产业结构升级产生一定的影响。

山西省目前是以"一主三副六市域中心"为主体的国土空间开发利用格局。"一主"即太原都市区，是带动全省创新驱动、转型升级的核心引擎，是山西省参与国际国内竞争、带动全省社会经济和城镇化发展的核心地区。长治市属于该国土空间开发利用格局中的"三副"(大同市、长治市和临汾市三个省域副中心城市)，是山西省次区域经济发展的核心区，也是山西省开放对接、融入国家战略区域的重要门户和载体。三个省域副中心城市将带动影响朔州市、阳泉市、忻州市、吕梁市、晋城市、运城市六个市域中心城市建设，从而积极推进大县城建。

长治市国土空间总体格局为"两廊三区、一核一圈"。"两廊"指以沁河、漳河两大水系为主脉的生态廊道。"三区"指太行山、太岳山东西两大生态屏障区与中部漳河河谷盆地农业区。"一核"指以中心城区为核心，全面提升城市发展能级，是引领全市高质量发展的核心引擎。"一圈"指推进上党城镇组群协同发展，联动晋城高质量建设晋东南城镇圈。

长治市推行《1+6上党城镇群规划》。上党区隶属于山西省长治市，长治市依托高速铁路、高速公路、国省干线、城际连接线快速交通网络构建"一主"与"三副"的放射状发展轴，以及连通6个县(区)的环状通道，形成中心城区协同联动、上党城镇组群高效畅通的集约型网络化空间格局。《1+6上党城镇群规划》是长治市建设省域副中心城市的重要抓手和承载主体，将率先实现城镇群在产业空间、人口集聚、交通联系和政策配置等方面的一体化发展，支撑晋东南城镇群的建设，发挥其在山西省城镇体系空间格局中的重要作用。

4.2　长治市经济社会发展现状

4.2.1　经济方面

1) 经济总量跃上新台阶

长治市经济综合实力不断增强，经济总量跃上新台阶。初步核算，2022年全市地区生产总值2804.8亿元，按不变价格计算，同比增长7.2%。其中，第一产业增加值97.1亿元，增长5.7%，占地区生产总值的3.5%；第二产业增加值1846.7

亿元，增长 9.7%，占地区生产总值的 65.8%；第三产业增加值 861 亿元，增长 3.9%，占地区生产总值的 30.7%。增量、名义增长速度均高居全省第一位，实际增长速度位居全省第二位(图 4-1)。

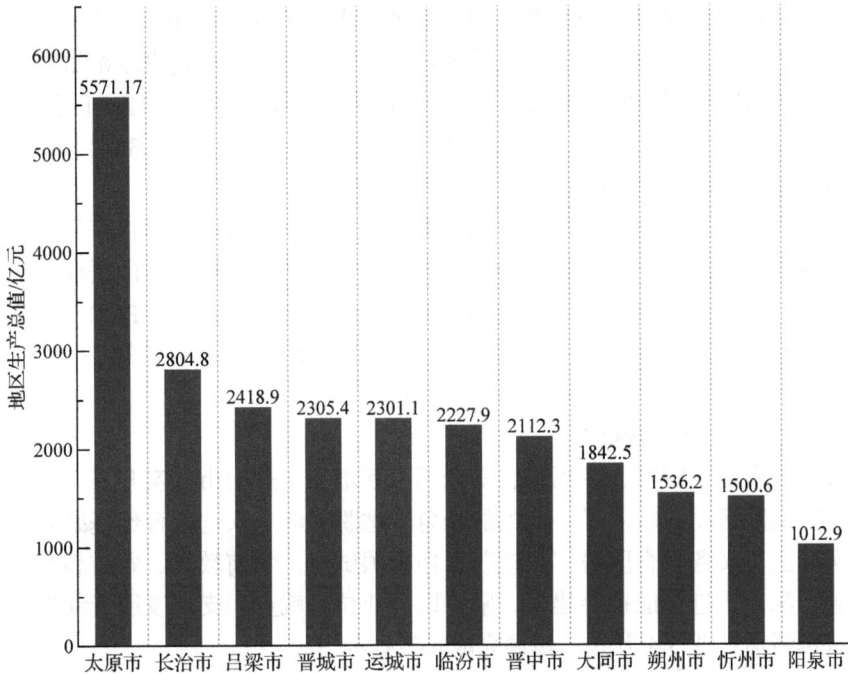

图 4-1　山西省各地级市 2022 年地区生产总值

2) 经济发展质量进一步提升

一是财政收入快速增长。2022 年，全市一般公共预算收入完成 310.5 亿元，同比增长 38.58%，比全省(21.85%)高 16.73 个百分点。全市一般公共预算支出完成 487.77 亿元，同比增长 25.63%。二是企业经济效益保持增长。2022 年，全市规模以上工业营业收入 4714.8 亿元，同比增长 18.8%；实现利润总额 718.8 亿元，同比增长 54.3%[3]。

3) 经济增长基础进一步巩固

一是金融对实体经济支持进一步加大，主要表现在对制造业、疫情冲击行业及基础设施领域支持力度加大。二是稳就业取得积极成效。截至 2022 年 12 月，全市城镇新增就业人数 46735 人，完成全年任务(4.3 万人)的 108.69%；失业人员再就业 7471 人，完成全年任务(7000 人)的 106.73%。三是工业用电量平稳增长。2022 年全市工业用电量 169.0 亿 kW·h，同比增长 8.3%，占全社会用电量的 77.9%。

4.2.2　社会方面

1）城市面貌发生新变化

城市承载力、辐射力、吸引力进一步增强，知名度、美誉度进一步提升。2021年长治市坚持新区建设和老城改造同步推进，实施了总投资 105 亿元的 37 项城建重点工程，并成功申报全国首批系统化全域推进海绵城市建设示范城市，获得10 亿元中央奖补资金。实施城市更新行动，改造老旧小区 70 个、棚户区住房 4870套，新建绿地、口袋公园 30 处，城市建成区绿化覆盖率达到 47.3%[4]。

2）绿色发展取得新突破

长治市认真落实碳达峰、碳中和要求，坚决遏制"两高"项目盲目发展，扎实开展重点行业能效提升专项行动。上党大地天更蓝、水更清、山更绿，空气更清新。2021 年长治市主城区环境空气质量综合指数下降 19.2%，PM2.5 浓度下降25.5%，改善率均居全省第一；国控断面水质优良率 100%，全省第一[4]。实施漳泽湖、浊漳河、沁河生态修复综合治理工程。

3）民生福祉有了新提升

人民群众的获得感、幸福感、安全感不断增强。长治市扎实开展"我为群众办实事"实践活动，解决了一大批群众急难愁盼问题。入选教育部基础教育综合改革实验区、义务教育阶段"双减"工作全国试点，学前教育、农村教育条件持续改善。深入推进技能社会建设，坚持以产业拉动就业，支持发展劳动密集型产业，城镇新增就业 5.4 万人，超额完成省定任务[4]。

4.3　长治市城市产业结构特征

4.3.1　产业空间布局

长治市是"一五""二五"和三线建设时期国家布局的老工业基地，工业基础雄厚。经过多年发展，初步形成了以煤炭、焦炭、冶金、电力等传统产业为支柱，现代煤化工、半导体光电、光伏、医药健康、先进装备制造等新兴产业为支撑，门类较为齐全的工业体系。"十三五"期间，长治市加快传统产业改造升级和新兴产业培育壮大，扎实推进产业转型升级，取得积极成效。发光二极管(LED)产值占到全省的 95%，光伏产业产值占全省的 53%，生物医药制品产值占全省的50%[5]。

经过多年努力，长治市产业转型取得了一定成效，但是结构性矛盾尚未得到根本性改变。2020 年，长治市三次产业结构比重为 4.0∶46.5∶49.5，第三产业比重较 2016 年提高 5.2 个百分点。制造业增加值占工业增加值比重达到 31.08%，战略性新兴产业增加值占比 5.63%[6]。

　　长治经济空间总体格局为"一核、一轴、两圈"。其中，"一核"为中心城市的综合服务产业核心。"一轴"是市域南北向产业发展轴，依托高等级交通设施，如二广高速公路和太焦铁路，大力发展先进制造业、高新产业和循环经济产业，实现经济转型。"两圈"包括 1+6 上党城镇群产业发展圈层和外围产业发展圈层。1+6 上党城镇群是长治市的重要农业基地和经济发展核心区域。外围产业发展圈层生态环境良好，拥有丰富的林牧业资源和一定的煤炭储量，重点发展生态农业、特色畜牧业和休闲旅游业，并适度开发煤炭资源，发展以循环经济为导向的煤炭及相关产业。

4.3.2　产业发展现状

　　长治市的经济发展主要依靠煤炭资源开发，目前处于煤炭资源开发的初期。产业结构以煤炭工业为主导，但综合性产业也开始起步。未来，长治市将进入稳定发展阶段，由采煤业城市向采煤业-制造业城市转型，非煤炭型的支柱产业开始形成。整体而言，长治市仍处于重工业化阶段，未来的发展方向是加工装配工业和服务业的培育。

　　1) 传统产业优化升级

　　2022 年，长治市废弃资源综合利用业同比增长 103.7%，拉动工业增长 5.0 个百分点。全市能源工业同比增长 6.9%，拉动工业增长 5.5 个百分点。其中，煤炭工业同比增长 7.0%，拉动工业增长 5.0 个百分点[7]。潞安建成全球首创的锦纶短纤维项目，潞安化工集团有限公司通过创新体系延伸煤制油产业链，开发出多种煤基合成化学品。长治市产业转型升级经验做法在全国推广，传统优势产业迈出新步伐。

　　2) 新兴产业发展强劲

　　长治市工业战略性新兴产业实现高速增长，节能环保产业是代表。2022 年，长治市培育了龙头骨干企业和专精特新企业。近年来，长治市着力打造新能源全产业链，包括上游原材料制造、中游光伏产品生产和下游光伏发电应用。半导体光电产业形成完整的产业链条，同时构建了氢能产业链和信创产业链。长治市的装备制造、新能源、新材料、节能环保等产业也得到发展壮大。

　　3) 资源产业主导发展

　　煤炭采掘及相关涉煤产业成为长治市产业体系的核心。工业结构畸重，资源开发和加工业过多，依赖资源特征明显。加工制造业发展不足。山西省内有 10 个资源型城市。阳泉市、晋城市、大同市和长治市在 10 个城市中自然依赖度较高。2009～2015 年，长治市自然资源依赖度呈上涨趋势(图 4-2)，在 2015 年达到最高峰(29.91%)后逐年下降。自然资源依赖一定程度上会阻碍产业转型升级，并抑制产业多样化发展。自然资源的依赖程度较高时，容易挤出制造业及服务业的资本投入，抑制产业合理化及高端化发展，资源枯竭时产业效益急剧下降，经济效益差导致企业缺乏资金进行产业转型升级。

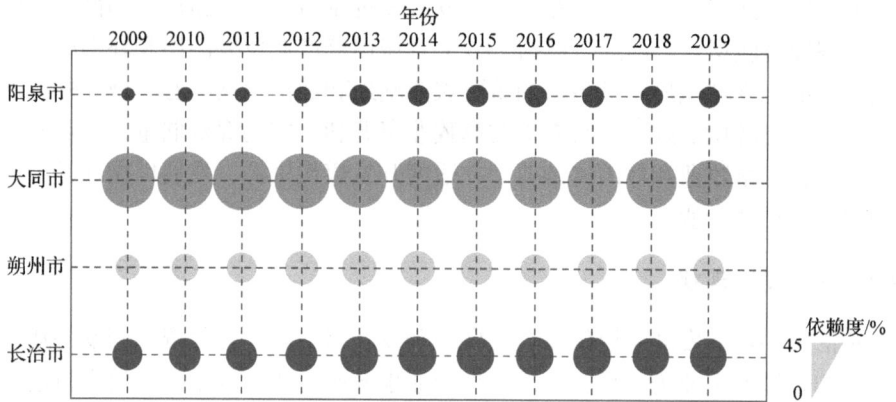

图 4-2　2009～2019 年长治市与邻近城市自然资源依赖度对比
自然资源依赖度由圆半径表示，图例为半径与依赖度的对应关系

4）现代服务业发展滞后

2022 年，长治第三产业增加值占地区生产总值的 30.7%[8]。在第三产业中，交通运输仓储和邮政业、批发零售业等流通产业、住宿和餐饮业构成的传统服务业、教育、公共管理，以及社会组织、卫生等市场化程度较低的公共服务业成为第三产业的主体；相比较而言，金融保险、房地产、商务租赁、信息软件、科研与技术服务、文体娱乐等高等现代服务业占比较低。整体而言，长治市服务业，尤其是现代服务业发展相对滞后。

4.4　长治市产业转型 SWOT 分析

4.4.1　长治市产业转型的优势

1）空间区位优越

长治市位于晋、冀、豫三省交界处，是山西省与华北地区和中原地区联系的重要门户，也是环渤海经济圈、中原经济区、陇海经济带的交会点，具有连南接北、承东启西的优越区位。长治市地处二广高速和青兰"大十字"高速公路交通枢纽，其高速公路直接融入全国高速公路网。此外，太焦、长邯、山西中南部铁路大通道与国家大动脉京广铁路、陇海铁路线相连，太焦高铁已通车。长治王村机场有直通北京、上海、广州、成都、太原、西安等多条航线。全市形成了高速公路、铁路、民航立体交通网络。

2) 经济基础优势

长治市经济总量在山西省内排名前列,正在逐步推进城市产业结构调整和经济转型,以煤、焦、冶、电等为主的工业体系发展基础良好,经济发展态势对旅游业发展提供支持。

3) 自然资源丰富

长治是资源丰富的黄金宝地,主要有煤、铁、石灰岩、矿泉水等矿产资源,是国家重点产煤地之一。2019 年,长治市原煤产量 1.3 亿 t;已探明的煤层气储量5700 多亿立方米,埋层浅,开采条件好。矿产资源主要有煤、铁、石灰岩等,共40 种[9]。长治属北方地区的相对富水区,2016 年长治市辛安泉水源地被水利部列入全国重要水源地名录。

4.4.2 长治市产业转型的劣势

1) 产业结构有待改善

长治市经济发展长期以来严重依赖煤炭产业,以第二产业为支柱,产业结构失调。在经过 20 世纪 90 年代开始的产业结构调整与经济转型发展后,产业结构有了一定的调整,但是整体上仍然是第二产业占比高,第三产业发育缓慢,经济发展依然依赖于煤炭,三产比例失调明显。在长治市长期依赖煤炭资源而形成的以煤炭产业为主导的模式下,从事煤炭产业的工人在承担工作高风险的同时却只能获得较低的收入,人民生活水平普遍较低。

2) 社会问题仍需缓解

作为煤炭资源型城市,煤炭及相关产业是长治市的支柱性产业。由于经济结构调整和产业升级,化解行业的过剩产能,必然会造成一部分人员失去工作岗位,而这些下岗人员普遍文化水平较低且没有掌握其他劳动技能,如果不对其进行劳动技能专业培训以掌握新技术,就很难再就业。煤矿下岗人员普遍年龄较大,并且长期从事繁重有害的工作损害其身体健康,所以只有少部分人能够再就业,造成长治市社会保障承受巨大压力。由于煤矿关闭数量较多,长治市经济收入减少,税收下降,财政收入无法维持城市运转和保障民生,给维持社会稳定带来较大阻力。

3) 环境承载力较弱

长治市在多年发展中,因长期开采煤炭资源,造成一系列生态环境问题。煤矿开采时排放的有毒物质在空中飘浮,对大气造成严重污染。煤炭开采导致地下被挖空,造成地表塌陷,对植被乃至生态系统造成严重破坏。大面积的地表塌陷改变了原有的地形地貌和生态系统,对植被造成很大的破坏,并且对城市的建筑物、道路、桥梁、矿区居民的人身和财产安全都产生很大的负面影响。地表塌陷,在遇到暴雨等恶劣气候时,很容易发生山体滑坡、泥石流、崩塌等灾害,造成庄稼毁坏和人畜伤亡等。

4.4.3　长治市产业转型的机遇

1) 当前城市转型的迫切性促进产业发展

长治市的经济发展主要还是依靠煤炭产业，"一煤独大"造成结构性痼疾，抑制了转型动力和创新能力。更高效地进行煤炭开采、深加工，形成煤电产业链、煤化工产业链势在必行。由于长期过度依赖煤炭资源支撑发展经济，长治市生态环境污染严重，伴随绿色发展模式的兴起和能源衰竭等问题，煤炭资源发展滞后，经济发展态势转缓。要从根本上解决问题，必须推进结构转型，创新是产业转型和经济发展的动力之源，必须加大创新力度，同时大力促进区域集团化重组和提高煤炭产业集中度向集团化、集约型转变。

2) 产业转型升级示范区为产业发展带来新机遇

2017 年，长治市被列为全国首批老工业城市和资源型城市产业转型升级示范区。国家发展改革委等五部门联合印发的《发展改革委关于支持首批老工业城市和资源型城市产业转型升级示范区建设的通知》[10]中，充分肯定了长治在化解煤炭过剩产能、延伸煤炭和煤化工产业链、加强军民融合发展等方面已初步取得的经验。2021 年山西长治产业转型升级示范区被国家发展改革委、科技部等列入"十四五"重点支持的产业转型升级示范区[11]，国家赋予长治四个示范的重点领域，这是长治产业转型的一次重大机遇，通过改革创新、先行先试，探索产业转型升级的新路径、新模式，为山西省乃至全国资源型城市产业转型升级提供示范。

3) 全面深化改革进入政府治理能力提升机遇时期

"十四五"是全面深化改革的攻坚期，也是长治市推进政府治理制度改革、优化营商环境的机遇期。坚定不移推动政府治理体系和治理能力现代化，从经济改革到城市治理形成更合理更长期的规划，树立"全周期管理"意识，探索城市现代化治理路径。要深入推进供给侧结构性改革，推动工业结构调整和转型升级，推进制造业与服务业融合，打造信息技术、生命健康、智能制造等先进制造业产业集群。要坚定不移扩大开放，促进与其他城市、省外、国外的科学技术交流，在重点、难点、共性问题上形成改革经验。

4.4.4　长治市产业转型的挑战

1) 宏观经济的不确定性

2019 年以来，外部经济环境复杂多变，国内经济存在下行压力，面对复杂严峻的形势，党中央带领全国人民保持战略定力，勇于攻坚克难，坚定不移地推动高质量发展。我国主要宏观经济指标保持在合理区间，经济运行总体平稳、稳中有进。

2) 传统观念阻碍思维创新

思想观念往往具有连贯性。长治市的采矿历史已有几十年，煤炭工人以煤谋生，依矿而居，很多家庭几代人都在煤矿工作和生活，传统思想观念深入人心，很多矿工不同意关闭煤矿。因此，矿工要从思想和情感方面真正打破对煤的依赖性。

3) 生态环境制约转型发展

我国早期资源型城市实行"先污染后治理"政策，导致资源型城市生态环境破坏严重。长治市长期依赖煤炭开采，造成环境承载力差，产业转型效率低。转型发展中，环境修复困难重重，矛盾积累难以解决。目前，现有技术难以完全修复长期破坏的生态环境，长治市转型发展必然会受到生态环境的制约。

4) 资金、人才保障不足

资源型城市转型发展需要资金和人才支撑，但煤矿关闭导致产业破产、财政收入减少、工人失业，转型陷入资金缺乏。同时，采煤塌陷地整治、新兴产业发展和基础设施建设都需要大量资金，产业转型资金严重不足。长治市作为煤炭资源型城市，长期以来只聚集了与煤矿开采相关的人才，生态环境保护、新兴产业发展和经济转型方面的人才稀缺。由于第二产业和经济的没落，人才流失严重，加上人才引进困难，资金和人才需求更加难以满足。

4.4.5　长治市产业转型对策

新时期发展主题为内需型、创新型、高端型和生态型增长。山西省转型发展重点为工业新型化、农业现代化、城乡生态化与市域城镇化。丰富的煤炭资源为长治产业转型发展提供能源与资本保障。全球产业转移的中国内陆化为长治产业转型发展提供外部动力。因此，应抓住沿海产业向内陆化转移的机遇，立足本地资源优势，借鉴成功经验，促进资源利用纵深化，优化传统产业，发展现代服务业、加工制造业和高端服务业，加快发展战略性新兴产业，打造高值、高端、高效的产业体系。

1) 实施人才战略

人力资源为长治市转型发展提供支撑，转型发展需依托大量人才。一是要推进人才引进工程。加大对高端人才引进和培养的力度，重点引进能够引领发展的高层次创新团队及其核心成员优化人才队伍结构，加强人才集聚效应。二是推进人才培育工程。构建校企互动平台，支持山西潞宝集团、成功汽车、潞安安易电气有限公司等骨干企业与高等院校共建共管现代产业学院，培养高端专业人才。三是完善人才保障工程。围绕"快落户"，完善人才引进落户政策，适当放宽落户标准，简化工作流程，同时为经认定的各类高端人才及家属提供落户、人才房、子女入学、就医、出入境等全方位支持，为长治市的转型发展提供源源不断的人才支持。

2) 治理环境污染

长治市要实现经济转型发展，必须突破生态环境的瓶颈。培养、引进、用好生态环保人才，利用国内外最先进的环保技术，尽快修复生态环境。政府应采取措施，推广使用新能源、清洁能源，监督企业控制污染物排放总量，并加大对违规排放废气企业的惩罚力度。大力发展绿色植被种植工程，提高植被覆盖率，改善城市气候条件。进行区域性综合水污染治理，确保饮用水卫生安全，全面净化水质。动员全社会参与环境保护修复，宣传环境保护的必要性和重要性，建立环境污染举报制度，完善环境污染惩罚措施，真正将环境保护落到实处。

3) 发展战略性新兴产业

战略性新兴产业是产业结构升级和经济发展制高点的关键。长治市应顺应经济发展趋势，大力发展战略性新兴产业，推动经济结构优化升级。重点发展节能环保、新一代信息技术、生物、高端装备制造、新能源、新材料、新能源汽车等七大类产业。突破关键核心技术，提高自主创新能力，包括加强产业关键核心技术和前沿技术研究、强化企业技术创新能力建设、加快落实人才引进等。建立和完善支持战略性新兴产业发展的体制和政策，营造良好的市场环境，调动企业主体的积极性，推进产学研用结合。政府要发挥规划引导、政策激励和组织协调作用，对重要领域和关键环节进行支持。

参 考 文 献

[1] 国家发展改革委, 科技部, 工业和信息化部, 等. 发展改革委关于支持首批老工业城市和资源型城市产业转型升级示范区建设的通知[EB/OL]. (2017-04-21)[2025-01-07]. https://www.gov.cn/xinwen/2017/04/21/content_5188011.htm.

[2] 长治市住房和城乡建设局. 我市扎实推进全域海绵城市建设[EB/OL]. (2024-06-27)[2025-01-07]. https://zjj.changzhi.gov.cn/xwzx/gzdt/202406/t20240628_2922604.html.

[3] 长治市统计局. 2022 年全市经济运行情况[EB/OL]. (2023-02-13)[2025-01-07]. https://www.changzhi.gov.cn/xxgkml/zfxxgkml/szfgzbm/czstjj/czsrmzf/tjxx_1188/sjfxhjd/202302/t20230213_2709906.shtml.

[4] 长治市人民政府. 2022 年长治市人民政府工作报告[EB/OL]. 长治市人民政府, (2022-02-28)[2025-01-07]. https://www.changzhi.gov.cn/xxgkml/zfxxgkml/czsrmzf/zfgzbg/202206/t20220629_2582334.shtml.

[5] 长治市人民政府. 长治市人民政府关于印发长治市国民经济和社会发展第十四个五年规划和 2035 年远景目标纲要的通知[EB/OL]. (2021-05-25)[2025-01-07]. https://www.changzhi.gov.cn/xxgkml/czsrmzf/zfwj_3465/202105/t20210524_2329501.shtml.

[6] 长治市统计局. 长治转型发展背景下的产业招商策略研究[EB/OL]. (2021-10-8)[2025-01-07]. https://www.changzhi.gov.cn/xxgkml/zfxxgkml/szfgzbm/czstjj/czsrmzf/tjxx_1188/sjfxhjd/202205/t20220519_2525055.shtml.

[7] 黄河新闻网长治频道. 2022 年长治市经济数据喜人[EB/OL]. (2023-02-06)[2025-01-07]. https://baijiahao.baidu.com/s?id=1757044114666501916.

[8] 长治市统计局, 国家统计局长治调查队. 长治市 2022 年国民经济和社会发展统计公报[EB/OL]. (2023-04-28)[2025-01-07]. https://tjj.changzhi.gov.cn/tjsj/tjgb/202305/t20230504_2742626.html.

[9] 长治市人民政府. 自然资源[EB/OL]. [2023-12-01]. https://www.changzhi.gov.cn/zjzz/zzgk/zrzy/.

[10] 国家发展改革委, 科技部, 工业和信息化部, 等. 发展改革委关于支持首批老工业城市和资源型城市产业转型升级示范区建设的通知[EB/OL]. (2017-04-21)[2025-01-07]. https://www.gov.cn/xinwen/2017-04/21/content_5188011.htm.

[11] 国家发展改革委, 科技部, 工业和信息化部, 等. "十四五" 支持老工业城市和资源型城市产业转型升级示范区高质量发展实施方案[EB/OL].(2021-11-19)[2025-01-07]. https://www.gov.cn/zhengce/zhengceku/2021-12/01/content5655185.htm.

第5章 长治市海绵城市建设驱动
产业绿色转型路径及效果评估

5.1 长治市海绵城市建设驱动产业绿色转型路径

长治市正在从传统消耗型产业向新兴绿色产业转型。《长治市国民经济和社会发展第十四个五年规划和2035年远景目标纲要》提出，2035年的远景目标包括基本形成以新兴产业和现代服务业为主导的现代产业体系。聚焦"六新"突破，产业转型升级示范区建设步伐加快，半导体光电、装备制造、医药健康、信创、新能源、新材料、固废利用、通用航空、文化旅游等产业集群基本形成，培育形成一批在全国有较大影响力的龙头企业和名牌产品，规模以上工业企业数量突破1000家。

基于此，长治市构建起以煤炭开采及其深加工、冶金电力为基础，以生物医药、高端装备制造等新型工业和现代物流、文化旅游等现代服务业为主要发展方向，以农副产品深加工、生态观光农业为重点支撑的产业体系，并提出构建未来数字产业、未来制造产业、未来环境产业、未来生活产业4大重点未来产业体系。通过引入新技术改造升级现有产业，上下游延伸拓展现有潜力产业，结合自身产业优势布局新产业三方面进行产业转型，具体规划如下：

第一，优化提升传统产业。优化传统产业，加快技术改造，实现安全绿色高效发展。坚持高端化、差异化、市场化和环境友好型方向，做优做强现代煤化工产业。深化供给侧结构性改革，推动煤炭产业升级，促进高质量发展。加快推进钢铁行业整合重组，支持技术创新，实现集约化、差异化、智能化。以晋电外送为契机，统筹新能源发电和传统电力协调发展，加强电力外送通道建设，构建安全、高效、绿色、智能的电力体系。

第二，加快发展现代服务业。加快推进现代物流业发展，打造区域物流中心。培育壮大电子商务经营主体，推动网络经济与实体经济深度融合。深化金融改革，强化金融服务实体经济发展的基本功能。利用气候、生态等资源优势，发展康养产业，建设全国重要康养目的地。加快商贸流通基础设施建设，构建现代商贸流通服务体系。推进家庭服务体系建设，提高居民生活便利化水平。

第三，培育壮大战略性新兴产业。依托产业基础，发挥自身优势，进一步明确方向路径，强化政策保障，加大招商引资、招才引智力度，着力补链强链延链，打造标志性、引领性的产业集群。大力发展半导体光电、装备制造、医药健康、信创、新能源、新材料、固废利用、通用航空等。构建产业基础高级化、产业链现代化、产业布局集群化的现代产业体系。

长治市在海绵城市建设方面提出三方面规划：①积极推进市本级及各县区建成区海绵化改造，推进雨污分流和初期雨水治理；②巩固黑臭水体整治成效，全面消除县级以上城市建成区黑臭水体；③完善城市排水防涝设施，科学布局雨水调蓄设施，增强道路绿化带雨水消纳功能。

5.1.1　长治市海绵城市建设与产业绿色转型的耦合关系

1. 海绵城市建设推动产业绿色转型

长治市依托其丰富的煤炭资源在城市发展初期取得了较快的经济增长，但是结合前文的分析，其明显存在资源消耗多、产值能耗高等资源利用问题。因此，新时期长治市的转型发展需要把绿色产业建设放在更加突出的地位，坚持资源的集约高效利用。近年来，长治市实施海绵城市建设的城市水环境建设方针，涵盖多个长治发展需求区块，顺势形成节约能源资源、节能减排、建设循环经济的产业结构和增长方式。

(1) 海绵城市对水环境的"控源"优化处理会通过推动技术升级，对产业结构产生一定程度的影响。长治市面临严重的水体黑臭问题，水环境较差。对于城市排水的受纳水体为饮用水源地或者对水功能区较高的水库等地区，海绵技术应选择侧重于水质的控制，将其作为"控源"的重要组成部分，控制总氮、总磷等污染指标，并且和截污、清淤等措施结合起来，统筹解决水体黑臭和水环境治理问题。污染密集度高的行业是海绵城市的重点污染控制对象，这些行业和相关企业为了有效降低污染物排放和提高污染物的处理利用效率，需要承担比较高昂的环境遵守成本，因此可能更有动力进行技术科技创新和产品优化，通过创新手段对控制污染需要付出的成本进行补偿。海绵城市创新导向的发展策略使行业的整体绿色生产力大幅度提升，从而影响城市产业结构。

(2) 海绵城市政策对不同行业产品生产的资源投入配置可能呈现不同影响，优化城市能源消耗结构，进而改变城市产业结构。长治市海绵城市建设涉及面广，包括内涝控制、管网优化、雨水分离等多类净水手段，而严格的环境规制导致企业成本上升，短期内可能挤占企业原本为生产产品而储备的资源。清洁型产业，如海绵城市极力需要的环保材料制作、水过滤与水处理等工业行业会得到社会及行业从业者更多的认可。污染密集型行业受到的挤占更大，清洁行业受到的投资意向更高，资金、原材料和员工数量等与生产活动息息相关的要素会在政策驱动下在污染行业和清洁行业间重新配置，使产业结构发生相应调整。

(3) 海绵城市政策由政府主导的特殊性质为产业转型进一步加速。海绵城市作为一个整体大型项目，城市的环境基础设施建设、重点工业企业综合治理、环境监管能力建设等，其资金来源以政府投入为主。长治市通过设立海绵城市专项资金、支持社会资本引入、特许经营等方式投资建设海绵城市，并制定激励政策吸引更多的社会资本参与海绵城市建设。因此，政府引导发挥了促进技术进步的作用，政府投入有的放矢，使城市总体环保投入能切实帮助企业弥补优化产业线的环境成本，帮助企业筹集资金，是推动产业绿色转型更有效和更直接的方式。海绵城市驱动产业绿色发展路径如图 5-1 所示。

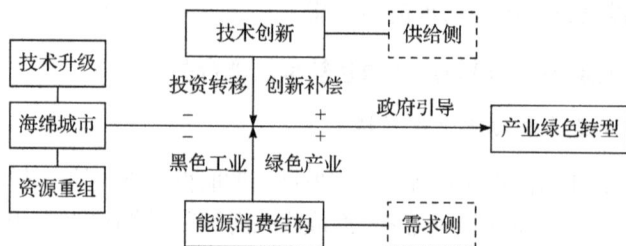

图 5-1　海绵城市驱动产业绿色发展路径

2. 产业绿色转型加速海绵城市建设

长治市的产业发展新思路是突出转型升级、创新驱动，依托开发区改革创新，一手抓传统优势产业改造升级，一手抓新兴接替产业培育壮大，实施大数据战略，推进信息化与工业化深度融合，构建支柱多元、布局合理、链条高端的现代产业体系，再造老工业城市。总的来说，"退二进三"的产业结构调整战略是通过丰富原先单一的支柱产业模式以形成产业集聚、提高高精尖制造业的专业水平来逐步摆脱城市的资源依赖水平。这两方面以不同的途径促进了海绵城市的建设，以形成正向反馈的闭环。

(1) 产业绿色转型需要形成绿色的经济增长模式，支柱产业应由原先的煤炭工业生产转变为低能耗、低资源、低污染化发展的专业化产业链，带动海绵城市技术进步。清洁发展需要化解过剩产能，严格控制煤炭开采量，大力发展循环经济，开展节能减排，推进资源节约集约利用，降低污染物排放，改造提升传统产业。海绵城市建设正是采用新技术、新工艺的大型建设工程，需要多类绿色技术且因地制宜地创新实现，符合低能耗、低资源、低污染化的产业模式。城市的支柱产业一旦形成专业化、绿色化的趋向，势必会为海绵城市建设带来投资涌入、政策偏向的有利行为，产业绿色化的目标以海绵城市建设实现。

(2) 产业绿色转型将实现产业多样化，为城市建设引入创新活力。长治市产业转型重在引导高端装备制造、现代医药、新能源、新材料等高新产业项目向相应的开发区集中，实现高新产业集聚，重点打造先进装备制造、新能源新材料、健康产业等集群，促进绿色产业精进。海绵城市涉及大量技术需求，高新产业将为城市带来海绵科技进步和专利发明，同时根据不同产业发展的需求会逐步出现支柱产业的延链、补链，推进优势产业与相关产业的融合互补，形成具有相关多样性的产业体系，为海绵城市建设提供更多的技术支持和创新活力。产业转型驱动海绵城市建设如图 5-2 所示。

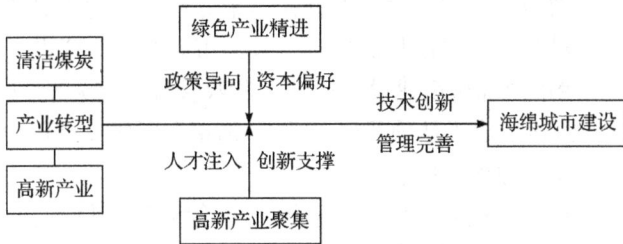

图 5-2　产业转型驱动海绵城市建设

3. 海绵城市对绿色建造产业链的促进作用分析

海绵城市建设对绿色建造产业链的作用主要为深化绿色设计理念、推进绿色建材创新、重视绿色施工管理、提升绿色运维意识等四大方面(图 5-3)。

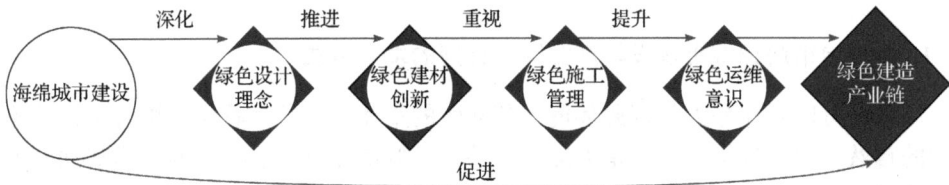

图 5-3　产业转型驱动海绵城市建设

海绵城市建设有利于深化绿色设计理念。长治市住房和城乡建设局发布《长治市海绵城市工程设计指南》(DB 1404/T 33—2024)[1]以完善海绵项目设计规范。海绵城市理念以生态优先、因地制宜、景观与功能相适应的原则，致力于构建生态优先、尊重自然生态规律的城市空间体系。基于海绵城市的理念推广绿色设计，将雨水绿道、生态树、透水铺装融入基础设施建设，用顺应自然的方式打造城市建设发展与生态环境协调统一的绿色生态设施。

海绵城市建设推进绿色建材创新。海绵城市建设增加绿色建材、技术和设备市场需求，并对建筑材料的性能提出了更高的要求，使其更加符合低碳环保的要求，有效提升建筑韧性，应对内涝防治设计重现期以内的强降雨，使城市在适应气候变化、抵御暴雨灾害等方面具有良好的"弹性"和"韧性"，为了更好地实现雨水的自然积存、自然渗透和自然净化功能，海绵城市建设鼓励建筑材料和技术的革新。例如，长治市武乡县某公司的砂基透水砖产品已完成两次技术革新，正在研发第三代产品以更好地应对砂基透水砖冻胀问题，提升产品质量。

海绵城市建设重视绿色施工管理。海绵项目产生的效益不仅与设计和产品有关，而且与项目施工方式和过程管理有紧密联系。海绵项目的施工过程中碎石配比、找平层含粉率等细节问题将会大大影响海绵项目建设效果，因此海绵城市应重视施工过程中的细节，最大程度发挥海绵产品和海绵项目的绿色效益。此外，施工过程中，多方沟通协作和及时进度管控也十分重要，构建绿色高效的海绵城市建设管理体系。对此，长治市积极出台《长治市海绵城市建设工程施工现场巡查管理规定》《长治市海绵城市建设工程竣工验收管理规定》等33项海绵示范城市建设规章制度，探索形成了从项目建成后"+海绵"到建设过程中融入"海绵+"的全过程海绵示范城市建设实践。

海绵城市建设有助于提升绿色运维意识。尽管绿色基础设施的建设运维费用较低，但存在占用空间大、用地多、效率低的问题。因此，海绵城市应强调绿色运维的理念，通过科学管理和技术创新，提高设施的效率和性价比。绿色运维重视设施维护，即具有针对性的养护工作，目前长治市已完成城南生态苑、漳泽湖东岸等海绵项目，绿色运维将确保海绵项目从建成投入运行到彻底失去海绵功能之前的正常运转。绿色运维意识将随海绵城市建设根植到整个城市基础设施建设过程中。

5.1.2　长治市海绵城市建设与产业绿色转型的发展范式

城市可以看作是人与资源环境互利共生的集体。将城市看作一栋大厦，其蕴藏的自然资源与环境可看作是大厦的地基，是城市经济产业绿色的稳固基础。大厦的居民，即在城市中进行各种社会经济活动的城市居民，过度的活动会消耗大厦的使用年限，适当的调节是对大厦相应的维护(图 5-4)。在本节将运用这种人与自然相互作用的思想，结合宏观数据实证研究结果，从宏观数据趋势、城市可持续发展的基础、经济活动的程度三个角度，以量化影响城市绿色发展的"短板效应"为方法，分析长治市目前产业绿色转型的表现和障碍，基于此提出行之有效的发展范式。

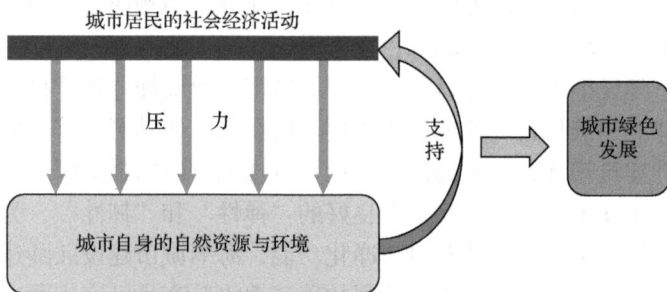

图 5-4　城市绿色发展中人与自然的关系

分析长治市目前产业绿色转型的障碍需要量化影响城市绿色发展的"短板效

应"。采用障碍度模型的方法，诊断制约资源型城市可持续发展的障碍因素，对比识别主要指标对城市绿色发展程度的障碍度。障碍度模型计算如下：

$$J_{ij} = 1 - y_{ij} \qquad (5\text{-}1)$$

$$O_{ij} = (w_i \times J_{ij}) \Big/ \sum_{i=1}^{n} (w_i \times J_{ij}) \qquad (5\text{-}2)$$

$$U_i = \left(\frac{1}{m}\right) \cdot \sum_{j=1}^{m} O_{ij} \qquad (5\text{-}3)$$

式中，J_{ij} 为指标偏差，表示各指标值与最优值之差，这里使用归一化后的指标值 y_{ij}，故最大值为 1；w_i 为因子贡献，表示单个指标对整个指标体系的影响程度，在本研究中用各指标的权重值表示；O_{ij} 为第 i 个指标对第 j 年可持续发展的阻碍程度，O_{ij} 越大，该指标的阻碍作用越强；U_i 为第 i 个指标在研究期间的平均障碍度。

从环境资源和社会经济两个角度出发，横跨 2011～2020 年，计算包括长治市在内的 17 个煤炭资源城市要素障碍度，具体结果如图 5-5、图 5-6 所示。城市绿色发展的阻碍因素有共性，也有不同。在城市的资源环境维度上，多个城市表现出了共同的障碍因素：污水管道长度、城市建设用地面积、人均水资源、公共供水综合生产能力、原煤产量、城市人均道路面积。可见，土地、水和煤炭资源的使用效率仍然是制约城市发展的关键原因，资源侧问题突出。在城市的社会经济维度上，万元地区生产总值能耗下降率、地区生产总值增长率、第二产业占地区生产总值比例、货物出口额占地区生产总值比例、国内旅游收入占地区生产总值

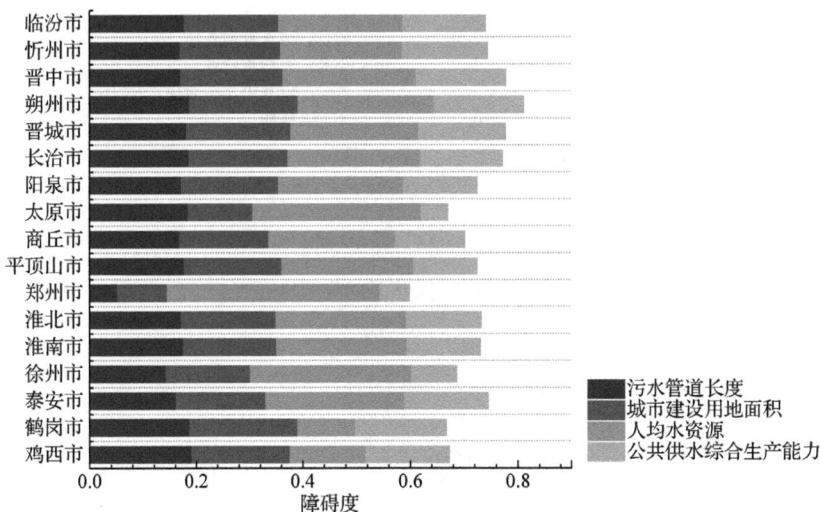

图 5-5　资源环境维度的绿色发展主要障碍度

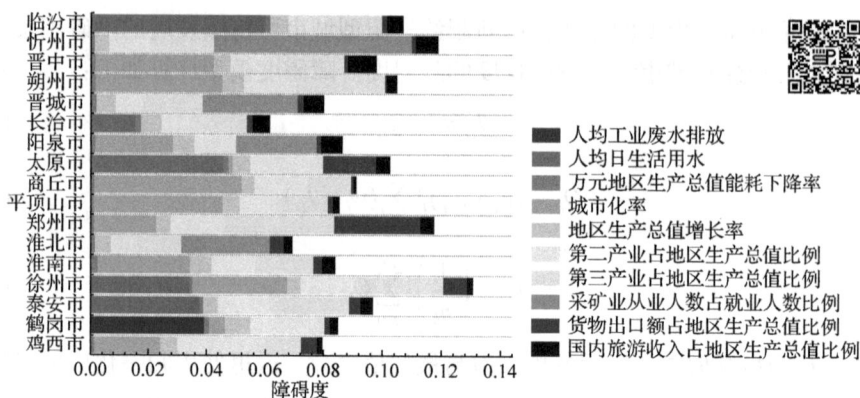

图 5-6 社会经济维度的绿色发展主要障碍度(扫码查看彩图)

比例对煤炭城市的城市荷载都有相对较高的催化作用。综合研究得出的结论，并针对长治市进行更加详细的障碍度数据分析，最终整理为三类发展范式：资源利用模式、经济转换模式、环境升级模式。

1. 海绵城市建设推动树立循环利用资源观

1) 改善水环境质量，促进水资源循环利用

图 5-7 为计算得到的影响长治市 2011~2020 年绿色发展的关键因素，从资源和环境的角度来看，污水管道长度、人均水资源、公共供水综合生产能力是影响长治市发展潜力的短板，短板效果在所有研究指标中占比分别为 18.6%、24.7%、15.1%。水资源的自然使用、工业企业的水资源利用效率、城市用水的后备保障

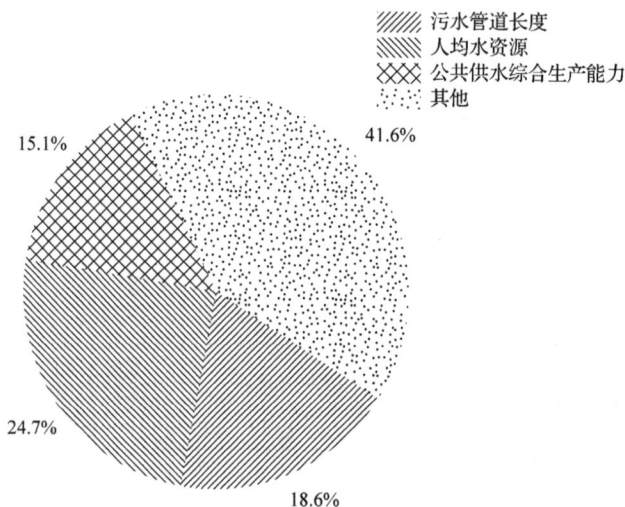

图 5-7 长治市绿色发展的资源环境因素阻碍度占比

对于长治市发展极为关键，水资源问题的解决迫在眉睫。海绵城市的水生态修复、水环境综合整治、水资源利用、水安全保障功效正是补齐这一短板的方针。

　　长治市新发展阶段的海绵城市建设需要坚持以水生态环境质量提升为核心，统筹水资源节约，重点开展水生态保护与修复、水污染防治、水环境风险防控，以维护城市水生态安全。以漳泽湖、沁河和浊漳河为重点，实施严格水资源管控制度，优化流域水资源配置格局，对于水生态破坏较为严重的地区，重点加强流域水生态保护修复，推动河流生态系统重建。老城区要结合城镇棚户区和城乡危房改造、老旧小区有机更新等，以解决城市内涝、雨水收集利用、黑臭水体治理为突破口，推进区域整体治理，对主城区实施重点黑臭水体整治，结合海绵城市规划方针完善城市雨水管网和污水管道建设，完善地下水环境质量监测体系。以绿色循环的方式和理念进行城市环境的综合优化，推动再生水循环利用，推进工业节水和高耗工业企业的水资源需求管控，实现优水优用、循环循序的水资源利用模式。

　　2) 加强固废处理，完善循环经济产业链

　　山西省的大部分城市属于煤炭型资源城市，长期依托煤炭产业发展的方式使得城市固废治理成为需要共同面对的问题。对比同省其他城市，长治市对工业固体废物的处理和再利用显然处于劣势(图 5-8)。长治市的固废处理是影响城市发展上限的一个重要短板，短板严重程度仅次于太原市，和朔州市相似。因此，对于工业固体废物的利用需要更加重视，这是建立循环产业经济的基础。

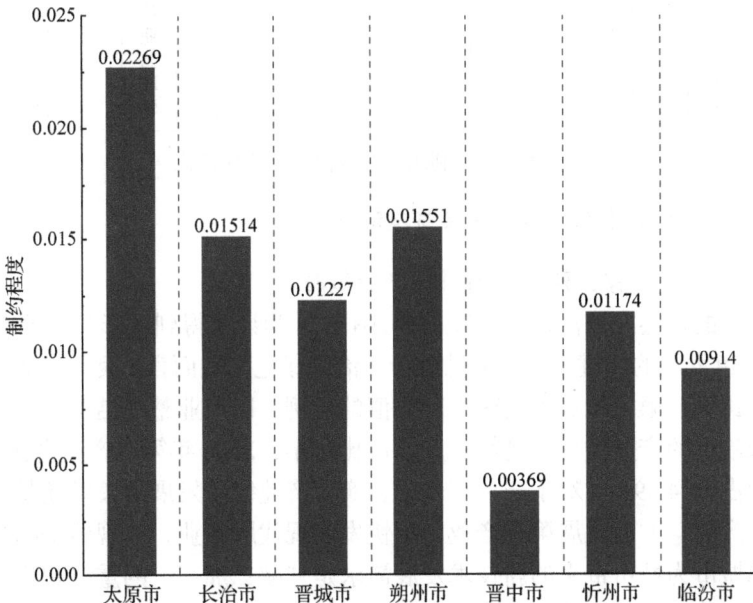

图 5-8　山西省部分城市一般工业固体废物综合利用率对产业绿色发展的制约程度

长治市应该围绕工业生产环节全面构建循环经济模式，形成前后延伸、闭合循环的生态产业链，强化固体废物污染处理和防治。结合煤炭城市长久以来的产业特点，重点推进煤矸石、粉煤灰、脱硫石膏、冶炼废渣等工业废弃物的循环利用，将再生水、矿井水等纳入区域水资源统一配置，推进煤炭、矿产、土地等资源的节约集约高效利用。围绕煤化工、火电、建材等重点工业，延长煤炭、电力产业链条，构建循环经济产业，对已有产业实施循环化改造。推进各类工业园区进行循环化和生态化改造，加快长治市国家级工业资源综合利用基地建设，推动工业资源综合利用产业聚集群的发展。通过推动产业链耦合，实现产业循环化，重点发展襄垣县富阳工业园区和潞宝工业园区，目标降低单位能耗，推进煤炭产业绿色化开采开发和焦炉煤气高端利用，以降低污染排放量，实现低碳经济化。循环利用资源观促进产业绿色化流程如图 5-9 所示。

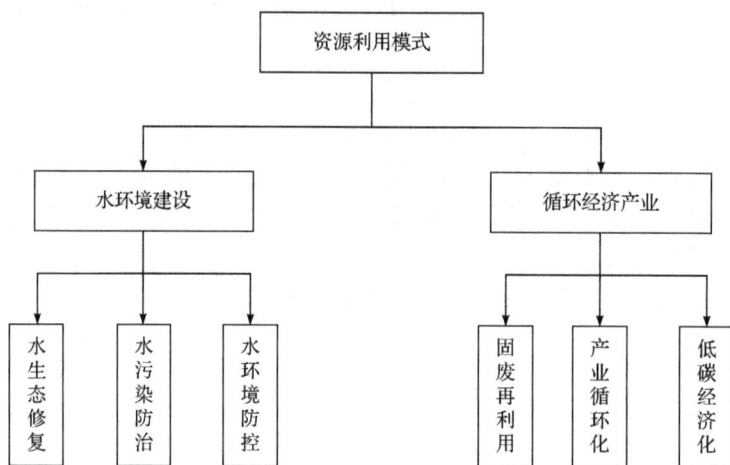

图 5-9　循环利用资源观促进产业绿色化

2. 海绵城市建设推动高新技术与经济开发

1) 加快产业转移，建设高新科技产业集群

从居民的社会经济活动的角度出发，图 5-10 为计算得到的影响长治市 2011～2020 年绿色发展的关键因素。可见对于长治的绿色发展而言，第二产业占地区生产总值的比例、第三产业占地区生产总值的比例，即产业整体结构是非常关键的障碍。长治市的产业结构仍是第二产业占比过半，2020 年第二产业占比 52.5%，第三产业占比 43.9%。对于长治市来说，实现产业绿色发展的关键还是在于优化提升第二产业，大力发展第三产业，加快发展现代服务业，实现经济结构的多元化。海绵城市为城市带来的新技术发展需求是"减二加三"的重要契机，也成为破除障碍、持续发展的关键一步。

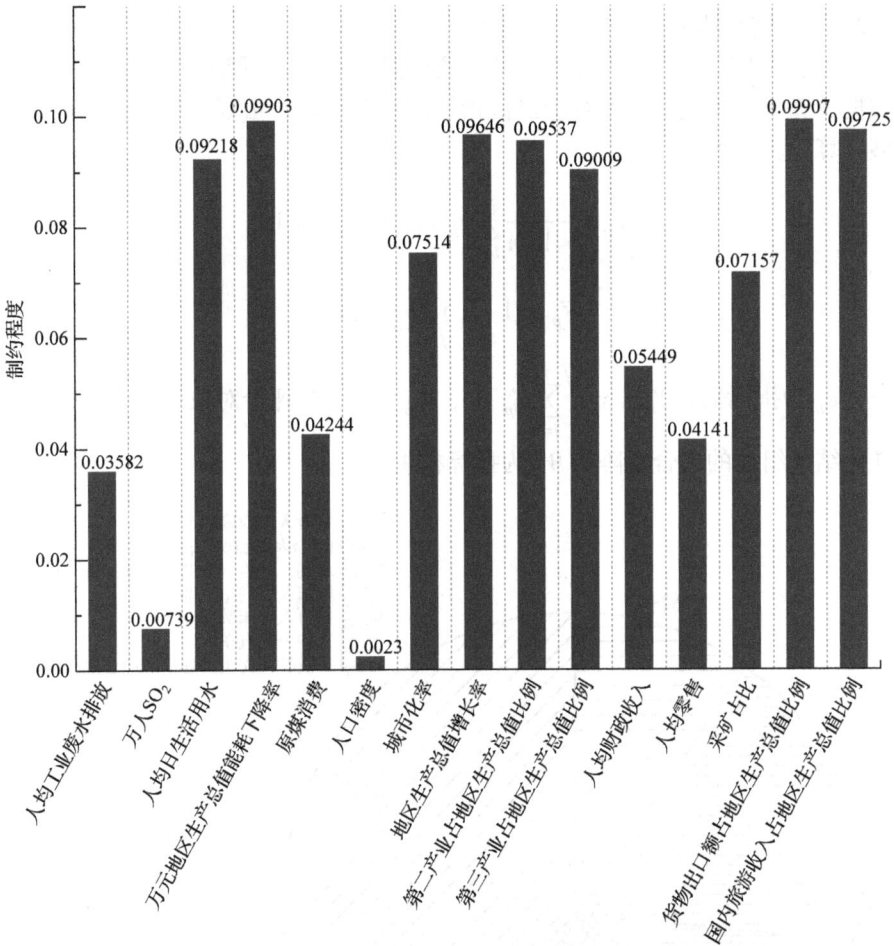

图 5-10　制约长治市 2011～2020 年绿色发展的居民活动因素

　　长治市应以海绵城市为城市发展突破点，优化城市空间结构，注重区域发展联系和地区之间的协调联动作用，培育新兴产业聚集区，加快承接产业转移。基于优越的地理位置，长治市需要响应国家"一带一路"倡议，拓展经贸合作领域，主动服务对接"雄安新区"建设发展，主动参与中原城市群建设，强化与中原经济区的对接联系；积极融入环渤海经济圈，深化与首钢集团的全方位合作；积极承接长三角、珠三角、港澳台地区的产业梯度转移。同时，借由海绵城市对城市规划布局再设计，加快发展长治国家高新技术产业开发区，培育高新技术产业集群，着重提高生物医药、光电电子、新材料、新能源等重点领域生产研发能力，培育大数据应用等相关智能产业，推动高新技术产业快速发展。

2) 注重创新活力，聚焦本土特色产业

创新能力是新兴技术产业发展的重要保障。图 5-11 展示了综合 2012~2020 年数据计算分析得到的主要社会经济指标的重要程度，重要程度采用熵值法计算模型计算，具体如下：

$$e_p = -\frac{1}{\ln m} \sum_{i=1}^{m} Y_{ip} \ln Y_{ip} (0 \leqslant e_p \leqslant 1) \tag{5-4}$$

$$W_p = (1 - e_p) \Big/ \sum_{p=1}^{n} (1 - e_p) \tag{5-5}$$

式中，e_p 为指标熵；$Y_{ip} = x'_{ip} \Big/ \sum_{i=1}^{m} x'_{ip} \; w_i$，$x'_{ip}$ 为第 i 个评价对象的 p 个评价指标的标准化结果组成的集合矩阵；W_p 为指标权重。

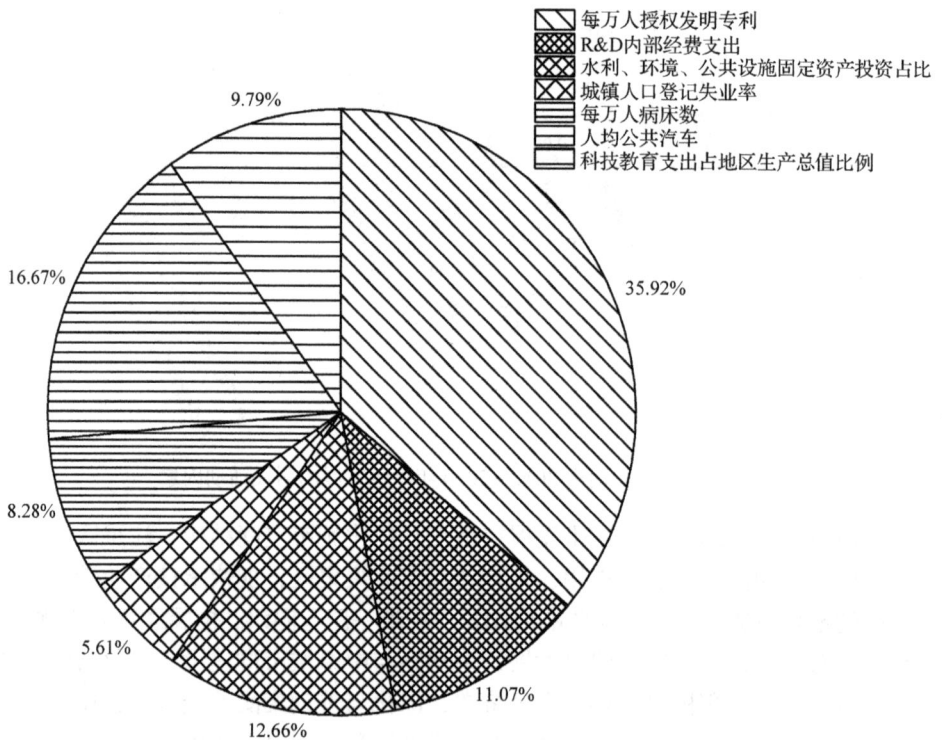

图 5-11　长治市社会经济指标重要程度对比
R&D-研究与开发

图 5-11 反映出每万人授权发明专利的重要程度显著高于其他要素。长治市下一步需要围绕国家提出的"探索构建产学研用深度融合的全链条、网络化、开放式协同创新联盟"要求，依靠创新驱动打造发展新引擎、开辟发展新空间，引进

国内外知名的创新创业运营机构,并充分发挥本市"军民融合"发展战略的优势,提高科技对经济增长的贡献率,推动经济社会发展动力转换。

产业布局和结构调整离不开科技创新投入,综合海绵城市新技术需求和长治市军工优势,实现生产资源利用效率和配置水平,将产业发展政策和城市发展战略有机结合起来。参考成功转型的城市案例,长治市应加强与高等院校和科研院所的合作,围绕长治市的产业转型方向部署科技创新链,为引进消化吸收科技成果和再创新搭建平台,推动经济社会发展动力转换。充分利用长治经济技术开发区资源和市场的优势,发挥军工产业优势,推进"军转民""民参军"同步对接,大力发展以先进装备制造为主导的军民融合产业。优化产业布局,推进新能源、新材料、节能环保、生物医药,以及航空航天、电子信息、高端装备等战略性新兴产业的发展,以此增强城市经济的稳定性和抗风险能力。经济合理开发促进产业绿色转型如图 5-12 所示。

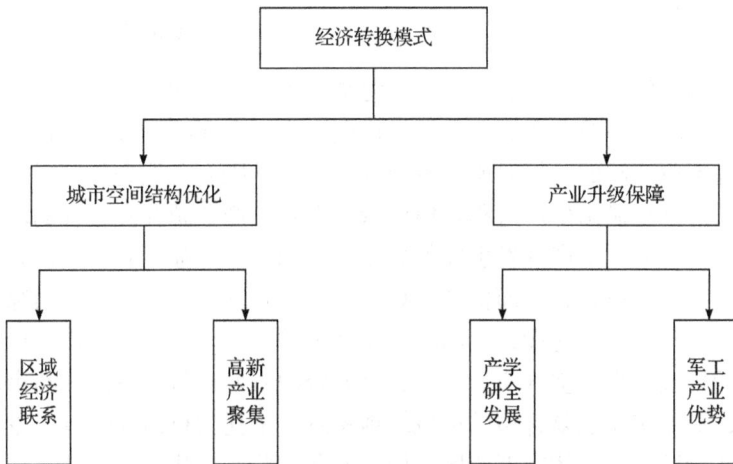

图 5-12　经济合理开发促进产业绿色转型

3. 海绵城市建设推动生态环境优势利用

1) 加快环境治理,推动生态文明建设

长治市产业转型的一个重要方针是重振历史底蕴,大力发展旅游业。长治市悠久的历史积淀了丰富的文化遗产,被誉为"古文化和古建筑博物馆"。图 5-13 显示了 2011～2019 年的长治市国内旅游收入,长治市的旅游品牌正在逐步打响,2017 年国内旅游收入达 31 亿元,2018 年国内旅游收入达 35 亿元,2019 年国内旅游收入达 42 亿元,同比分别增长 7.5%、12.9%、20.0%。下一步可借海绵城市更新绿化、建设碧水青山之机,继续趁势发展旅游产业,使产业结构良好发展。

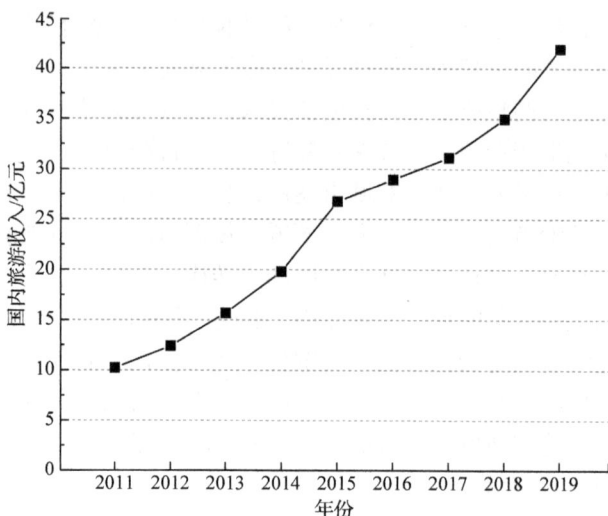

图 5-13   长治市 2011～2019 年国内旅游收入变化趋势

　　长治市拥有悠久的历史底蕴，结合海绵城市对城市的环境绿色化和生态文明发展，借助发展旅游业和酒店业等服务产业以推进产业绿色转型。首先，环境恢复与保护是不可或缺的。针对矿产资源开发留下的废弃土地和环境后遗症，长治市下一步需要强化矿山生产过程环境监管，加强矿产资源开发过程的环境保护，最大限度减少或避免矿产开发引发的矿山环境问题。加强废弃矿山矿井监管，对废弃矿山实施生态修复，全面推进采煤沉陷区的治理。推进以太行山绿化、退耕还林为重点的林业生态建设，提高城市森林覆盖率，建设绿色城市。严格控制空气污染物的排放，提高空气质量。整合旅游资源开发，将旅游产品与市域绿地建设相结合，形成多功能复合型的市域绿地系统，依托太行山大峡谷风景旅游区、红色文化体验区、山水休闲度假区和历史文化体验区，建设"宜游"长治，努力打造成全省一流、全国知名休闲旅游度假目的地，促进产业结构多元化。

　　2) 建设宜居城市，关注民生改善事业

　　资源型城市面临着既要转型发展，又要社会稳定的双重任务，而社会稳定、民生改善是资源型城市转型发展的前提和基础，也是必要的政治环境。图 5-14 显示了长治市 2017～2020 年的城镇登记失业率，2019 年城镇登记失业率为 2.29%，2020 年城镇登记失业率为 3.01%，2020 年同比增长 31.44%。海绵城市在创造环境层面宜居城市的同时，也将潜移默化地提供更多的新就业机会，是缓解失业问题的机遇，更是提高居民幸福感、提高城市吸引力和品牌效应的好机会。

　　长治市的绿色发展离不开"以人为本"，以公共资源的合理配置为核心，更加关注社会事业发展和民生改善，将城市在自然环境和人文环境两方面共同打造为宜居城市，借此吸引人才，保障矿产工人待遇，提高城市生命力。对于采矿业

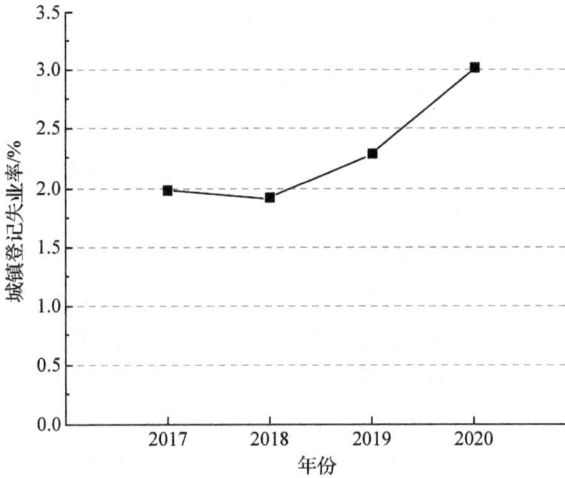

图 5-14　长治市 2017～2020 年城镇登记失业率变化趋势

从业者，妥善做好失业职工安置，重点跟踪资源枯竭城市矿井企业和濒临破产企业的职工失业和再就业情况。巩固脱贫攻坚成果，按照"健康为本、教育为基、就业为重、产业为要"的基本思路实施城镇化。完善促进灵活就业办法，鼓励"大众创业、万众创新"，实施积极的就业政策，多渠道、多方式增加就业岗位，建立健全政府投资和重大项目带动就业机会。资源型城市在前期发展过程中，贯彻"先生产、后生活"的理念，导致城市的基础设施和公共服务设施供给一般在转型期都会不足，公共服务水平不高。防止城市萎缩、人才流失的重要一点就是完善城市基础设施水平和人才待遇，提高居民幸福感，以提高人才留存意愿。城市环境升级促进产业绿色转型模式如图 5-15 所示。

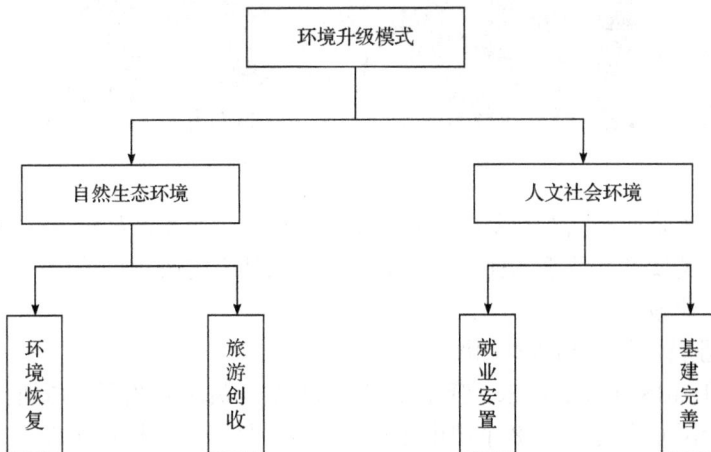

图 5-15　城市环境升级促进产业绿色转型模式

4. 海绵城市优质企业带动产业创新发展

实地调研长治市武乡县某企业,理清长治市海绵产业发展和市场格局,发现当前海绵城市建设实施过程管理存在诸多问题,海绵产品面临成本优化困难等难点,也发掘出企业的创新商业模式,有利于长治市海绵产品面向全国推广,并基于现状与问题提出政策建议。

1) 企业核心产品与市场格局梳理

长治市武乡县某企业为民营高新企业,作为海绵城市透水铺装专业供应商,其主要产品为砂基透水砖、砂基透水板、现浇砂基透水路面、柔性砂基透水路面、弹性砂基透水路面及水泥抗碱剂等。其中,砂基透水砖是其明星产品。

砂基透水砖经过三次产业升级。初代产品存在成本较高、结构渗水效果差等问题,使用海绵功能寿命仅为 2a 左右。经过技术改良升级,二代产品彻底解决遗留问题,成本仅高于市场最低端产品 6~7 元,与市场中端产品——陶瓷透水砖成本相当,且海绵功能寿命从之前的 2a 提升到 10a,即 10a 左右砂基透水砖才会因为孔隙堵塞和碎裂终止使用,大大提升产品性能和性价比。目前,正在进行三代产品开发,核心技术为洞隙式结构透水,主要解决北方地区透水砖的冻胀问题。图 5-16 为该企业部分产品实物照片。

图 5-16　企业部分产品实物照片

目前,该企业产品在竞争中暂时处于领先地位,由于产品抗破坏能力强且成本较低,同类型产品几乎不存在竞争对手,未来甚至将改变可替代产品陶瓷透水砖原本的产业地位。

2) 企业营收情况和成本问题

企业自 2018 年建成以来,营业额有较大提升,员工人数不断增加,目前企业产品已在全国 6 个省份、18 个城市建立销售点,处于业务扩张状态。

企业目前面临产品原料成本难题,其明星产品砂基透水砖的最大成本组成为面层工艺原料石英砂,该工艺对石英砂规格有严格要求,少数矿区才能生产,其中山西省内平朔煤矿能够生产合适的石英砂,但由于山西省内严格的批矿限制,企业只能从外省市(如内蒙古自治区等地)采购,运输成本较高,使得产品成本大大增高,为量产和销售带来困难。

3) 企业打造"产业联盟"创新商业模式

企业创新设计"产业联盟"商业模式拓展商业版图,推广海绵产品。合作方式为面向全国寻找具备一定产业规模和销售渠道的既有企业,通过技术加盟形式实现产品量产。寻找合作者需遵循以下原则:相邻城市只选择其中一个合作,以避免过度竞争,所选企业必须达到一定要求的产能,并承诺保证产品质量。

企业"产业联盟"商业模式盈利主要为技术购置费和技术使用费两种。产业联盟在合作达成时不收取加盟费,以降低企业合作的资金门槛,但签订10a 合同要收取 100 万元履约保证金以确保加盟企业持续产量,泓晨万聚环保科技有限公司(简称"泓晨万聚")将提供持续的技术指导。泓晨万聚移交技术时收取少量的工艺产品费用和服务费,后期加盟企业量产后按照 5 元/m² 收取技术费。

企业提供的技术和产品为工艺生产线和生产配方,总共有砂基透水砖(二代产品)和面包砖两条生产线,每条生产线规模按照 40 万 m² 计算。泓晨万聚规划在全国选择 100~150 家企业合作,每一家企业按照 50 万 m² 产量计算,预计全产量生产一次的营收规模为 3.75 亿元。"产业联盟"商业模式如图 5-17 所示。

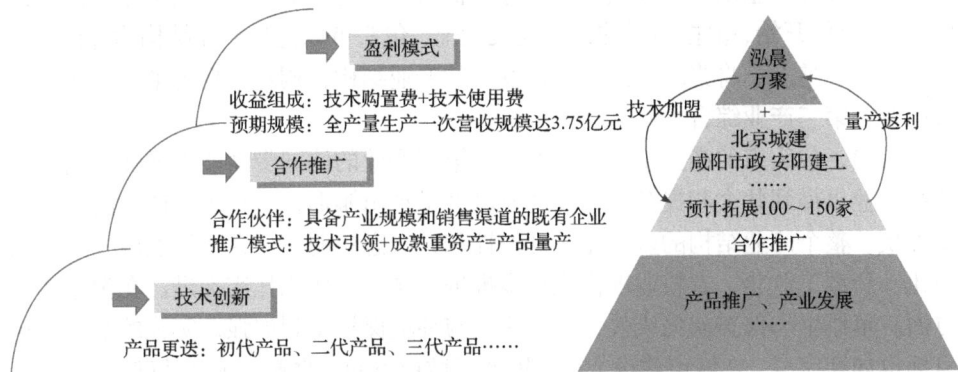

图 5-17　海绵企业"产业联盟"商业模式示意图

4) 海绵城市建设存在问题和政策建议

海绵城市建设效果不达预期,重要原因为产品落实和施工方式存在问题。海绵城市建设需要使用真正有效的海绵产品,而目前海绵城市项目落实过程中由于资金有限，被迫选择质量不高的产品，海绵项目投入产出效果较差。另外，海绵城市建设施工方式存在问题，不利于海绵产品达到预期效果。施工全流程中的一些细节问题，如级配碎石是否合理、透水混凝土产品质量参差不齐、施工方和原料供应商沟通不畅等问题制约海绵产品发挥最大效益。

此外，长治市海绵企业面临成本难降和资源稀缺的问题。前文提到企业需要外省采购原料导致成本大幅增加，售价难以占据市场优势。此外，长治市海绵产业丰富度较低，产业上下游企业资源稀缺，相关技术人才引入较为困难，这将增加企业运输成本和人才成本。

根据海绵城市建设过程中出现的问题，以及企业经营过程中遇到的问题，总结以下政策建议：

(1) 海绵城市建设应注重过程管理，建立有效的检验环节，加强全流程控制管理，提升对细节实施的把握度，改善海绵项目建设实际效果。

(2) 海绵项目应坚持使用优质产品，把握资金投入方向，避免低质量产品造成的资金浪费。

(3) 对优质企业进行产业补贴和政策支持，在原料开采和购买方面给予优惠政策，降低企业生产成本，帮助企业优质产品对外推广。

5.1.3 国内外产业转型案例研究

1. 多元产业拉动型：内蒙古自治区包头市

包头市位于内蒙古自治区的西部，1949 年以来，包头以丰富的煤炭、稀土、铁矿和水资源为基础，建设成为以冶金、机械工业为主的综合性重工业城市。20世纪 80 年代开始，根据当时的经济发展状况，包头市以优化产业结构为导向，在产业结构调整上，将当时偏向重工业发展的产业结构，调整转变为第一产业、第二产业、第三产业综合发展。

目前，包头市的产业结构得到调整，第三产业的协同带动能力增强。同时，传统产业也得到壮大和提升，新兴产业已经呈现出雏形，非资源型产业的发展速度加快。整个产业结构的多元化、延伸性和升级态势明显。在经济发展方面，城镇化、新型工业化、农牧业现代化稳步推进，城乡一体化扎实推进。在生态环境方面，草原生态保护初见成效，生态建设与环境保护得到加强，实施的节能减排目标也如期完成。在城市建设方面，扩展了城市空间，改善了城乡基础设施状况，进一步增强了城市服务功能和辐射带动的能力。

2. 大城市带动型：陕西省铜川市与关中城市群

铜川市有多年的煤矿开采历史，形成了以煤炭、矿建、建材为主的单一结构产业链，在城市发展过程中城市经济过度依赖资源。产业结构单一，转型面临挑战。空间缺乏整合，缺乏运行效率，城市空间结构不清晰，功能模糊，产业发展与人居环境相互制约。随着煤炭资源开采殆尽和环境的加速恶化，铜川市开始主动寻求产业转型之路。

铜川市对城市职能进行了重新定位，由于铜川的突出地理条件有利于成为关中-天水经济区(简称"关天经济区")次核心城市，加之西安市近年来的发展机遇，因此服务于西安市，融入大都市区，成为铜川市发展的重要路径。第一层是融入关天经济区的发展需求，铜川市位于关天经济区北侧，作为承接延安市、榆林市、包头市的重要城市。现状用地及交通较为不便，该区位成为铜川市城市空间发展的重要途径。铜川市的城市中心向南偏移一方面获得了充足的城市发展用地，另一方面将铜川市至西安市的空间距离缩短了 20 公里。第二层是在西安这个国际化大都市的影响下，争取铜川市新区产业园与西安市渭北工业园协同发展。

3. 特色产业更新型：美国匹兹堡

匹兹堡位于美国宾夕法尼亚州西南部，地理位置优越，曾经是世界上有名的钢都。美国重工业和铁路建设发展迅猛，以及战争对钢铁的巨大需求量，极大促进了匹兹堡钢铁工业的发展，使得其在第二次世界大战时期进入了钢铁工业发展的鼎盛时期。20 世纪 70 年代开始，美国中西部地区的许多重要工业区开始严重衰退，匹兹堡当时的地区经济过于依赖钢铁工业，造成了环境污染严重、产业集中度高、就业渠道单一等问题，经济根基已经被破坏。

因此，匹兹堡政府开始制定和实施产业更新和经济转型战略。匹兹堡的转型重点在于大力发展高新科技产业和第三产业。加大力度建设高等院校，促进新行业发展等。卡内基·梅隆大学和匹兹堡大学带动了一批高科技企业的发展和成长，这些企业多数从事计算机软件、机器人、人工智能、生物医药和生物技术等研究的开发和生产。这使得匹兹堡形成了以高科技产业为主导，生物制药、计算机、化工信息、冶金、金融等多元化的产业结构，逐步形成了以高新技术和知识创新为主的支柱产业群。

4. 文旅产业推进型：德国鲁尔工业区

鲁尔工业区位于德国中西部，是以煤炭和钢铁为基础、以重化工业见长的重工业区，第二次世界大战前由于煤炭资源丰富，钢铁市场需求强劲，就业情况良好，人们生活水平日渐提高。随着战争的结束，战败后的德国经济一派萧条，加之煤炭资源的日趋枯竭，重化工经济结构的弊端越发明显，传统的煤炭工业和钢铁工业开始走向衰落。很多煤矿和钢铁厂纷纷倒闭，大批的工人开始下岗失业。

德国政府采取因地制宜的经济政策，通过产业结构的调整，在对老工业区的改造方面走出了一条新路,实现了经济结构转变和产业转型,赋予鲁尔工业区新的生命力。最引人瞩目的是鲁尔煤管区开发协会决定摒弃对已丧失经济价值的工业基地进行大拆大建的"除锈"行动,而是尽可能地对原有工业建筑物进行精心梳理和改造留存。经过综合整治,鲁尔工业区经济结构趋于协调,工业布局趋于合理,经济由衰落转向繁荣,改变了重化工业区环境污染严重的局面,成为环境优美的地区。鲁尔工业区的策略不是废旧立新,而是旧物再利用。通过改变原有建筑、设施及场地的功能,既再现了工业区的历史,又为人们提供了文化、娱乐生活的园地。鲁尔工业区已变成了一个记录城市的博物馆和休闲区。

5.2 长治市海绵城市建设驱动产业转型绿色效果评估

5.2.1 海绵城市建设对产业转型效益

1. 海绵城市建设发展现状评估

长治市自然本底特色突出,条件优异,是优良的海绵城市建设区域。通过海绵城市建设营造长治市健康水循环系统,打造蓝绿交织、清新明亮的水生态系统,打造优质生态产品,为生态腹地发展提供有力支撑。

治理体系初步形成。长治市海绵城市建设致力于将长治市打造为山水相融、生态宜居的太行明珠,实现资源型城市可持续发展转型,逐步形成山-城-湖全域系统生态修复与治理体系,如图 5-18 所示。西部漳泽湖,为长治市生态绿心,重点加强生态空间管控,核心区严格保护,封闭式管理,外围区域严控污染,湖体重点进行水质提升,开展全流域、全过程水体治理,湖周强化生态修复,建设节

图 5-18 山-城-湖全域系统生态修复与治理体系

点湿地,构建湖滨带良好生境。主城区南部为老城区,以问题为导向,与城市更新相结合,开展区域修复与海绵城市建设;西北部为滨湖新区,以目标为导向,落实海绵理念,加强新建区管控,严格落实海绵城市建设指标,加强生态修复与治理,打造新区海绵化建设示范。

规划制度逐步完善。2016 年,长治市入选山西省海绵城市建设试点城市,获得省级 3000 万元资金支持,同年成立海绵城市建设工作领导组。2021 年 5 月,长治市人民政府办公室印发《长治市进一步加强海绵城市建设实施方案》,明确系统化全域推进海绵城市建设;6 月获得首批系统化全域推进海绵城市建设示范城市(全国第一名入选),三年获得 10 亿元中央资金支持。2021 年 9 月,长治市人民政府办公室印发《长治市系统化全域推进海绵城市示范城市建设 2021—2023 年行动计划》,明确示范城市建设任务与要求;12 月,长治市人民代表大会将《长治市海绵城市建设管理条例》纳入 2022 年立法计划,正式启动海绵立法。2022 年4 月,在中央财政海绵城市建设示范补助资金 2021 年绩效评价工作中[2],长治市荣获 A 档评级(全国仅 5 个)。

水环境治理初见成效。2011~2020 年,长治市污水集中处理率逐渐上升,2017年后增速放缓,如图 5-19 所示,2020 年达到 95.8%。2020 年,全国城市污水集中处理率为 95.78%,长治市已达到平均水平。长治市污水处理对城市绿色发展的障碍度逐渐减小,长治市污水处理环境效益较为显著,逐步实现人与自然的和谐发展,外部的自然环境也得到很大程度改善,对城市可持续发展产生积极影响。

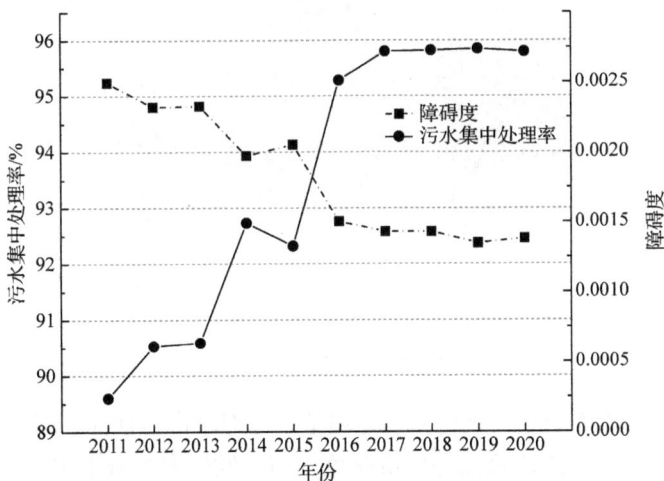

图 5-19　长治市污水集中处理率及其对城市绿色发展的障碍度

2. 海绵城市对产业转型的影响路径

长治市为煤炭资源型城市,产业整体结构不合理,可使用土地面积逐年减少,工业产品附加值低，严重制约着经济的可持续发展，产业转型升级需求迫切。长治市在落实海绵城市理念的过程中，将海绵城市建设与产业转型相结合，着力构建具有鲜明特色的多元化中高端现代产业体系，全力构筑转型升级发展新格局，形成具有特色的绿色产业。

助力矿区沉陷整治，提升区域环境品质。从水安全、水环境和水生态系统等整体考虑，对采煤沉陷区进行水系、绿地综合治理，根治煤矿"疮疤"，是带动城市转型发展的重要举措。海绵城市建设以水利安全为基底，在水动力、水循环和水生态的基础上对采矿沉陷区域进行生态重建，减少二次污染，提升防渗效果，并进行生态、生境、景观水系修复及营造。通过增加透水铺装、雨水花园、生态草沟、下凹绿地和水岸缓冲绿地、生态停车场和生态绿道等海绵城市设施单元，打造河湖水生态系统的路域生态外源污染净化带、水生植物河湖湿地净化单元，增加雨水调蓄容量，控制污染物去除率，达到控制径流总量和径流污染的目的，真正发挥景观海绵城市的效益，提升采矿沉陷区环境品质。

长治市海绵城市建设与采煤沉陷区治理相结合，依据沉陷区原有地形地貌建设湿地公园，形成自然生态净化区，提升水环境质量和区域环境品质，提高城市居民环境满意度。海绵城市理念结合现有沉陷坑塘打造自然湿地，净化绛河入漳泽湖水质，保障漳泽湖水体，实现生态修复(图 5-20)。

图 5-20 矿区沉陷整治效果示意图

修复区域生态系统，实现区域土地增值。海绵城市包括河、湖、池塘等水系，以及绿地、花园、可渗透路面等城市绿色设施。发挥海绵城市水生态和水文化理念，形成城市生态绿色轴线，打通生态廊道，建设生态节点，构建独具特色的水文化体系，打造城市特色。城市绿色设施通过产生积极的外部性影响，在美化城市、改善环境和带动行业发展方面形成巨大的间接经济效益。城市绿色设施能够提升周边区域的环境质量，创造更加舒适的生活环境，提升居民生活幸福感。绿地公园能够吸引餐饮、娱乐、生活等设施落座绿地周边，形成以绿地为核心的区位中心，推进周边土地增值。

　　长治市结合自身优越的自然生态本底条件，通过山-城-湖全域系统生态修复与治理，开展区域修复与海绵城市建设，逐步形成"东山西水"的城市生态格局，通过构建湖滨带良好生境，形成环湖生态绿带，外围与城市相融合，打造市民共享的绿意空间，结合历史上水系位置和关系重现原有的自然水文状态，打造独具特色的"太行明珠"。海绵城市促进产业转型发展规律如图 5-21 所示。

图 5-21　海绵城市促进产业转型发展规律

　　带动城市更新步伐，吸引优质企业人才。城市更新是扩大内需、促进产业结构升级的重要抓手。城市更新通过推进土地资源的重新优化配置、提高存量资源的利用效率、促进城市功能的全面或局部升级、实现居住条件的改善和生活品质的提高、增强城市活力与市场竞争力来推动产业结构转换和升级。海绵城市建设通过改变城市水观念，有效缓解城市内涝、水污染等问题，形成发展整体的景观绿化系统，赋力城市更新，实现建筑用途转换、土地用途兼容，提供"宜居宜业宜游"的新空间，满足现代人就业、生活、居住、社交、文化、健康、体验、休闲等多维需要。

　　长治市深化落实海绵城市理念，通过城市更新逐步整改、搬离区域内的高污染企业，提升城市形象，改善城市的投资环境，进而吸引大量的资金、技术、人才等生产要素涌入城市，吸引优质新型的产业入驻，实现产业升级，促进城市产业发展。

3. 海绵城市对产业转型的效益评估

　　海绵城市建设优化空气质量。大气污染对于经济社会发展有着显著的负面影响，解决大气污染问题是资源型城市转型的重要目标。如图 5-22 所示，2011~2018年长治市二氧化硫排放量和烟粉尘排放量逐步下降，二氧化硫排放量在 2014~2016 年下降幅度较大，2016 年后逐步放缓。烟粉尘排放量在 2015~2016 年下降较快，2017 年后放缓。

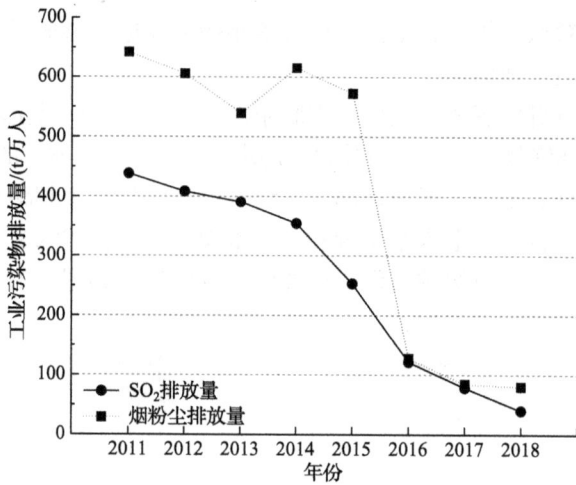

图 5-22　长治市二氧化硫排放量及烟粉尘排放量

　　海绵城市建设带动城市创新。新经济时代以知识、信息、技术为基础，以创新为驱动，创新对城市经济产业转型作用巨大，2017 年后，长治市人均授权发明专利数出现猛增，2019 年达到 7.2 件/万人(图 5-23)，城市创新水平有较大提升。长期以来，山西省经济发展和产业转型主要依靠资源投入和带有较强政府政策指向的投资项目拉动，动力主要来自外部。外部拉动的经济增长方式在短期内可以促进经济的快速增长和发展，但在长期看来，由于缺乏面对市场及外部政策调整时的自我调节能力，不能实现可持续发展。因此，长治市应依靠创新、知识、人力资本、科技等内生性生产要素，实现区域内各经济主体之间竞争与合作的协调发展。

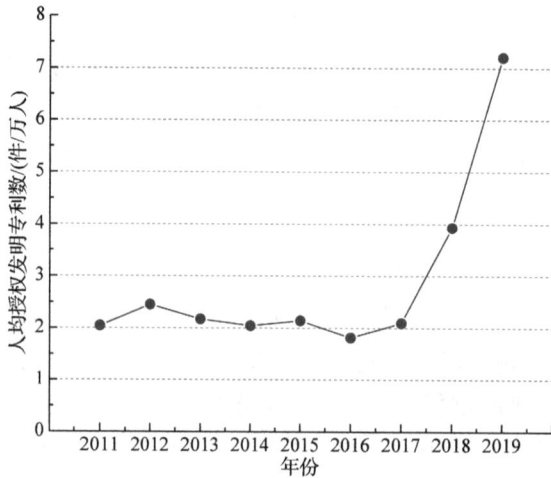

图 5-23　长治市人均授权发明专利数

海绵城市建设促进旅游经济增长。旅游业作为第三产业的重要组成部分，已成为城市经济的新增长点，同时，旅游作为现代城市的重要功能，日益成为推动城市化的重要动力，旅游城市化成为城市化的一种重要模式。2011～2019 年，关于长治市城市可持续发展，旅游收入的促进程度逐步增加，2017～2019 年增长幅度较大，2020 年受疫情影响有所下降(图 5-24)，长治市海绵城市建设通过改善自然环境、提升土地价值促进旅游业发展，进而推动城市经济环境协调发展。

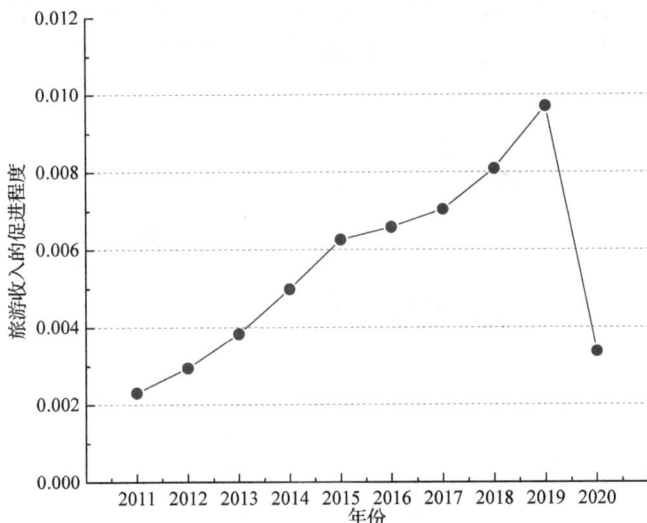

图 5-24　长治市旅游对城市可持续发展的促进效应

5.2.2　海绵城市建设对城市的碳排放效益

面对碳达峰及碳中和的气候目标,长治市仍处于大有可为的重要战略机遇期，同时也面临诸多矛盾相互叠加的严峻挑战。2015～2020 年，长治市二氧化碳排放总量大且持续增长，二氧化碳排放强度总体偏高。长治市 2019 年单位地区生产总值二氧化碳排放量为 3.7tCO$_2$/万元，高于山西省的 3.39tCO$_2$/万元，为全国平均水平(约 1.1tCO$_2$/万元)的 3.36 倍。长治市 2019 年人均二氧化碳排放量为 17.4t/人，高于山西省的 13.55tCO$_2$/人，为全国平均水平(约 6.9tCO$_2$/人)的 2.5 倍。长治市 2019 年单位能源消耗二氧化碳排放量为 2.68tCO$_2$/t 标准煤，高于山西省 2.37tCO$_2$/t 标准煤，约为全国水平(约 2.0tCO$_2$/t 标准煤)的 1.3 倍[3]。

长治市城市经济总量不大，存在发展不平衡、不协调、不充分，新兴产业支撑作用不强等问题，地区生产总值总量还需要保持较高速增长。实现碳达峰和碳中和，意味着在单位地区生产总值持续保持较高增速情况下实现二氧化碳强度下降目标，需要更强有力的节能和能源替代力度，这对长治市完成经济结构调整、产业转型、城市转型极具挑战。同时，长治市未来一段时期经济总量和经济增长速度目标又需要相应的能源消耗支撑，这意味着对能源的刚性需求增长态势短期内不会改变。因此，长治市将面临经济发展和低碳减排的双重目标挑战。

1. 长治市碳排放现状总体评估

1) 长治市"十三五"期间总体能源消耗与碳排放

"十三五"期间，长治市能耗强度累计下降幅度达 15%以上[4]，完成"十三五"能耗"双控"目标任务。如图 5-25 和图 5-26 所示，2015～2020 年，长治市能源消耗总量呈现增长趋势，能源消耗由 2015 年的 1977.8 万 t 标准煤增长至 2020 年

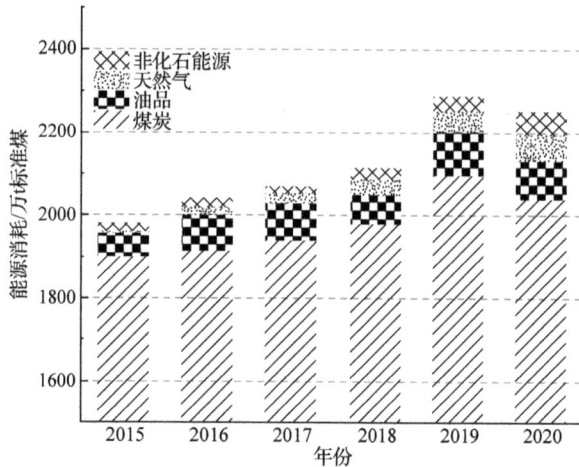

图 5-25　2015～2020 年长治市分品种能源消耗量

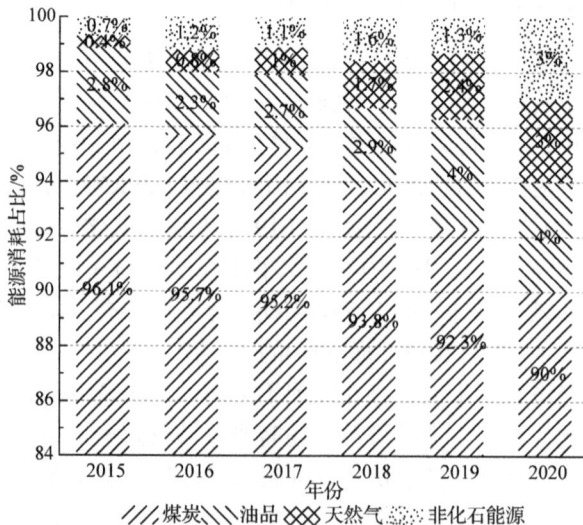

图 5-26　2015～2020 年长治市分品种能源消耗占比

的 2251.5 万 t 标准煤。能源消耗结构得到持续优化，非化石能源占比明显提升，2020 年长治市煤炭消耗总量为 2038 万 t 标准煤，占比 90%，比 2015 年煤炭消耗总量 1901 万 t 标准煤，占比 96.1%降低了 6.1 个百分点；2020 年，长治市油品消耗总量 90 万 t 标准煤，占比 4%，比 2015 年油品消耗总量 55 万 t 标准煤，占比 2.8%增加了 1.2 个百分点；2020 年，我市天然气消耗总量 61.9 万 t 标准煤，占比 3%，比 2015 年天然气消耗总量 7.9 万 t 标准煤，占比 0.4%增加了 2.6 个百分点；2020 年，长治市非化石能源消耗总量 61.6 万 t 标准煤，占比 3%，2015 年非化石能源消耗总量 13.9 万 t 标准煤，占比 0.7%增加了 2.3 个百分点。

　　山西省资源型城市(部分)2007～2019 年城市二氧化碳排放量如图 5-27 所示。2007～2019 年，长治市碳排放量整体呈现波动上升的态势，2018 年最高值达到 $7.165×10^7$t。2013～2014 年出现短暂大幅下降，可能是《全国资源型城市可持续发展规划(2013-2020 年)》的出台使资源型城市加强对生态问题的重视。海绵城市对碳排放量的影响因素及路径需要进一步深入分析。

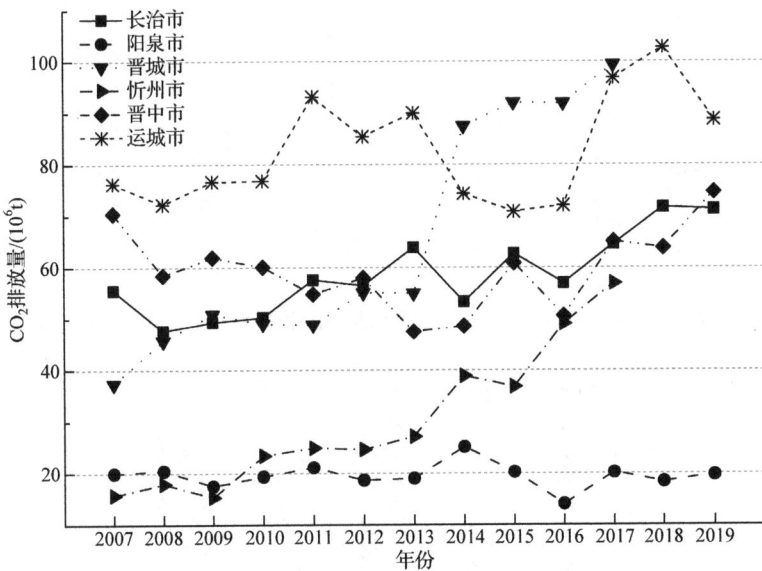

图 5-27　山西省资源型城市(部分)二氧化碳排放量

　　根据《省级二氧化碳排放达峰行动方案编制指南》相关标准，长治市能源活动中化石燃料燃烧排放的二氧化碳总量由 2015 年的 4669.9 万 t 增长至 2019 年的 6089.9 万 t(需要说明的是，受统计工作滞后及疫情导致的能源消耗量趋势偏差等因素影响，现阶段仍无法进行 2020 年长治市二氧化碳排放计算工作)。

　　从总体趋势看，能源活动中二氧化碳排放量呈增长趋势。其中，工业领域(含电力行业)能源活动中二氧化碳排放量增加较快，是长治市二氧化碳排放量的主要来源；居民生活能源活动中二氧化碳排放量呈现缓慢上升趋势；农业、交通运输业、服务业和建筑业能源活动中的二氧化碳排放量较少(图 5-28)。以 2019 年为例(图 5-29)，我市工业领域(含电力行业)二氧化碳排放量为 4865.4 万 t，占比为79.9%，对能源活动中的二氧化碳排放量贡献最大；居民生活二氧化碳排放量为716.1 万 t，占比为 11.8%；服务业二氧化碳排放量为 253.2 万 t，占比 4.1%；交通运输业二氧化碳排放量为 181.8 万 t，占比 3%；农业二氧化碳排放量为 45 万 t，占

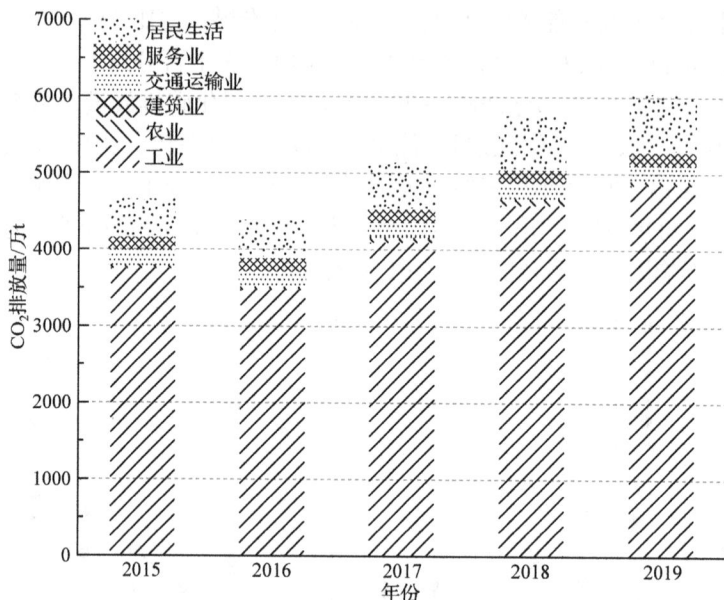

图 5-28   2015～2019 年长治市能源活动二氧化碳排放总量及分领域排放量

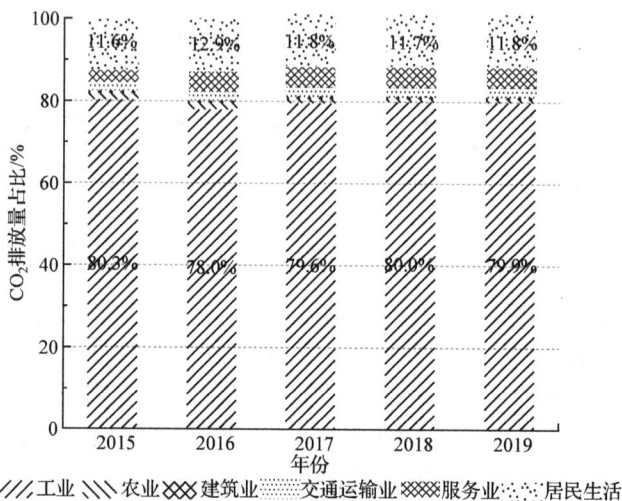

图 5-29   2015～2019 年长治市能源活动二氧化碳排放结构

比 0.7%；建筑业二氧化碳排放量为 28.4 万 t，占比 0.5%。总体上，碳排放量增长与能源消耗总量增长呈现强烈正相关性。

长治市工业企业(含电力行业)能源活动中化石燃料燃烧排放的二氧化碳以热电、钢铁、化工及建材四大行业为主，如图 5-30 所示，四大行业 CO_2 排放量由 2015 年的 2724 万 t 增加至 2019 年 4008 万 t。以 2019 年为例，我市热电行业 CO_2 排放量为 2101 万 t，占整个工业领域排放量的 52.4%；钢铁行业 CO_2 排放量为 1479 万 t，占比为 36.9%；化工行业 CO_2 排放量为 246 万 t，占比为 6.2%；建材行业 CO_2 排放量为 132 万 t，占比为 3.3%(图 5-31)。

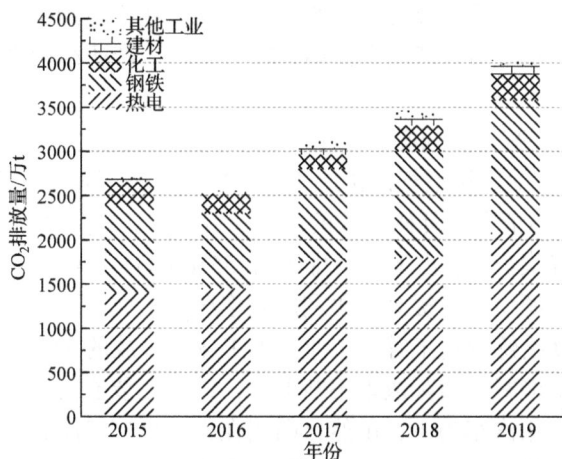

图 5-30　2015～2019 年长治市工业二氧化碳排放量

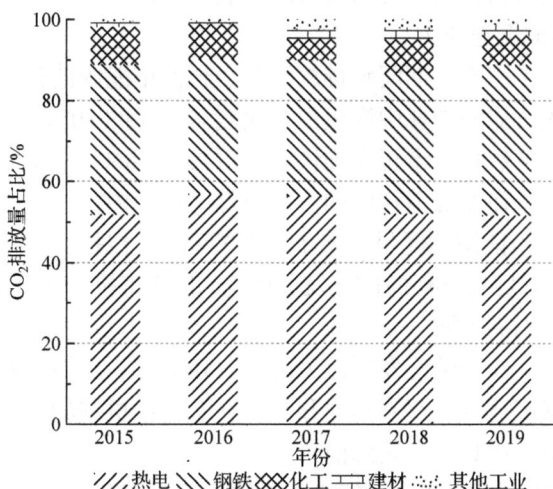

图 5-31　2015～2019 年长治市工业分行业二氧化碳排放结构

2) 长治市碳排放现状评估

(1) 产业高碳特征结构短期难以扭转。

近年来，长治市坚持深化供给侧结构性改革，持续强化产业结构优化升级，高新产业发展迅速，非煤产业对经济增长的贡献日益提升。但是，作为典型的资源型经济地区，全市电力、钢铁、水泥、化工、焦化等高污染、高排放、高耗能的产业占比仍然较高。2010~2015 年，全市产业结构"二、三、一"格局明显。第一产业占比基本稳定，多年来保持在 4%~5%。进入 2015 年后，长治市产业结构变动基本趋于稳定状态。第三产业占比呈现缓慢增长的趋势，第二产业占比呈下降趋势。二者占比差距虽然逐步缩小，但第二产业仍占到全市地区生产总值的50%以上，第三产业与第二产业占比仍有较大差距，产业结构高碳排放特征没有得到根本改善。

(2) 重点领域碳减排空间有限。

根据 2015 年长治市温室气体排放清单数据，长治市碳排放主要集中在工业、交通、建筑领域，占能源消耗碳排放的比例达到 90%以上。长治市本地电力热力企业能源消耗以煤炭为主，占工业碳排放的 55%左右，在电力热力需求日益扩大的背景下，优化能源结构、提高能源利用效率压力较大。工业方面，碳排放主要集中在建材、钢铁冶炼及化工等重工业，占工业碳排放的31%。随着节能降耗潜力将逐步减小，节能减排边际成本不断上升，结构性节能潜力十分有限。交通方面，市内交通以家用汽车为主，虽然目前正在大力推广新能源汽车，但受当地冬季气候寒冷及电池技术限制影响，居民购买意愿不高。建筑方面，随着居民生活水平提高和家用电器的普及，民用建筑碳排放短期内很难减少。

(3) 碳达峰形成倒逼压力。

根据长治市"十三五"期间碳排放清单，长治市能源消耗碳排放占总碳排放量的 90%以上，化石能源消耗中煤炭占一次能源消耗的 80%以上，能源结构决定了高碳排放特征。虽然长治市正在加快发展可再生能源，但受限于现有资源和技术条件，可再生能源在能源消耗中的占比较低，短期内优化能源结构难度较大。"十三五"期间，全市能源消耗呈现稳步上涨的趋势，根据长治市目前经济发展指标测算，如果不采取切实可行的低碳发展措施，长治市按期实现碳达峰压力巨大。

(4) 碳汇资源有待提升。

森林及湿地除了作为碳汇发挥巨大的生态功能外，还能提升城市旅游品牌效应，在国家发展碳汇造林、逐步建立和完善生态补偿机制的趋势下，从林业发展中获取经济及环境效益具有广阔的前景。

"十三五"期间，长治市碳汇能力不断增强，生态建设取得较为明显的进步。2019 年末，长治市森林面积 445.8 千 hm²，森林覆盖率 31.9%，检查验收合格造林面积 12.4 千 hm²。长治市有代表性自然保护区 3 个，面积 57.0 千 hm²，占全市总面积的 4.1%[5]，分别为山西灵空山国家级自然保护区、山西省中央山省级自然保护区、山西省浊漳河源头省级自然保护区。长治市现有代表性湿地公园 6 座，分别为山西沁县千泉湖国家湿地公园、平顺太行水乡省级湿地公园、山西长子精卫湖国家湿地公园、襄垣三漳省级湿地公园、屯留绛河省级湿地公园、长治市国家城市湿地公园。此外，黎城小东河人工湿地、北寨人工湿地全部建成投运。长治市现有具有代表性的 6 座省级以上森林公园，分别为老顶山国家森林公园、太行峡谷国家森林公园、黄崖洞国家森林公园、老爷山省级森林公园、玉华山省级森林公园、西沟省级森林公园。

2. 长治市海绵城市碳汇效益评价

1) 海绵城市碳汇机制分析

海绵城市作为一种更为科学有效的雨洪控制利用措施，包括多种海绵设施，这些设施兼具生态效益、社会效益与经济效益，具有的固碳减排能力可以有效促进资源型城市向绿色低碳甚至零碳转型，为早日实现"碳达峰"与"碳中和"目标提供了一种新的思路。例如，湿地是一种特殊的生态系统，在环境保护、生态恢复和资源利用等方面具有重要作用，具有净化水体、补充地下水、调节气候、提供栖息地等多种生态服务功能，植物、微生物和土壤等会通过光合作用或分解有机质等过程来吸收和储存 CO_2。生物滞留设施可以通过植物的生长和代谢过程，提供碳吸收和固定生态功能，还可以通过收集、滞蓄雨水径流，减轻城市排水系统的负荷。生物滞留设施还可以通过过滤和吸收雨水中的污染物，净化雨水，从而减少污水处理厂的能耗。下沉式绿地在有效地提高城市绿地覆盖率的同时，植物通过光合作用吸收 CO_2，并将其转化为有机物质储存在土壤中，从而实现碳汇。下沉式绿地也可以减少城市的热岛效应。此外，下沉式绿地还可以吸收和储存雨水资源，从而减轻城市排水系统的负荷。

2) 碳汇计算方法

碳汇计算方法有遥感估算法、微气象学法、样地勘测法、同化量法、碳汇系数法等。基于对数据可获取性的综合考量，选用碳汇系数法进行计算。根据土地类型进行碳汇计算的公式为

$$E_{CO_2} = \sum_i^n V_i \times F_i \times 44/12 \tag{5-6}$$

式中，E_{CO_2} 为土地的碳吸收能力；V_i 为第 i 种土地类型的面积；F_i 为第 i 种土地类型的碳吸收系数；44/12 为二氧化碳与碳元素的换算系数。

对于海绵城市中具体设施的固碳能力，由于海绵设施通常包含超过一种的土地类型，且其运行过程中产生的绿化碳汇常受到原材料选择、建造方式、运行时

长及后期维护等诸多因素影响，以土地类型进行的计算往往不够准确。因此，需要根据单项海绵设施的功能和特点，选择合适的碳吸收系数进行计算。根据长治市海绵城市规划情况，本章所述海绵设施主要包括公园、人工湿地、绿地及下沉式绿地(调蓄湖面以水体计算)，具体的计算公式和碳吸收系数(表 5-1)如下所示：

$$E_{CO_2} = \sum_{i}^{n} S_i \times F_i \tag{5-7}$$

式中，E_{CO_2} 为海绵城市碳吸收能力；S_i 为第 i 种海绵设施的面积；F_i 为第 i 种海绵设施的碳吸收系数。

表 5-1　单项海绵设施固碳能力　　　　[单位：$kg\ CO_2/(a \cdot m^2)$]

海绵设施类型	碳吸收系数
公园	2.4
下沉式绿地	0.1
人工湿地	2.4
绿地	0.35

3) 海绵设施碳汇收益分析

经过计算，长治市主要单项海绵设施及海绵城市总体建设的碳汇如表 5-2 所示。海绵城市建设模式下，以单一植被为主的绿化模式逐步向复合化转变，城市生态系统的固碳减排能力得到有效提高。计算结果显示，基于海绵城市建设理念的模式可以产生 17950830kg/a 的碳汇，减碳效果可观。这表明，合理配置不同类型海绵设施、系统化全域推进海绵城市建设能够有效改变工业城市发展的碳足迹。从碳中和角度来看，各类海绵设施正常运行状态下都有不同程度的碳汇收益，为长治市实现碳收支平衡提供了新的思路。

表 5-2　长治市海绵城市碳汇计算表

海绵设施类型	占地面积/m^2	CO_2 吸收量/(kg/a)
公园	6197700	14874480
下沉式绿地	3983100	398310
人工湿地	23100	55440
绿地	1132000	396200
调蓄湖面	24000000	2226400
总计	—	17950830

从海绵城市的碳汇提供类型来看，公园和调蓄湖面的碳汇贡献分别占到82.86%和12.40%，是碳汇的主要来源。绿地固碳也是主要的碳汇来源，在未来的规划建设中，长治市应尽可能保留利用现状绿地，合理规划植物布局，以更好发挥海绵设施的减碳功效。公园作为一项重要的海绵设施，具有更强的碳汇潜力，这主要得益于在建设过程中更加注重植物搭配，实现植物景观特性与雨洪控制设施的紧密结合，从而增加了海绵城市整体的固碳释氧能力。这表明在满足各项管控指标的前提下，尽可能优化布置具有固碳能力的复合型海绵公园可以更好地实现重工业城市生态、经济协调发展的复合目标。调蓄湖面作为一项重要的雨水调蓄海绵设施，其在良性运转时可以有效降低污废水处理过程中的能源消耗和自来水用量，减轻污水厂处理负荷，同时还可以有效治理洪涝等灾害，从碳源角度减少了碳排放量，一定程度上缓解了城市碳排放的压力。

3. 长治市碳排放影响因素分析

使用 Tapio 脱钩弹性系数(DEI)研究资源型城市第二产业生产总值与二氧化碳排放量之间的关系。脱钩理论基本原理是将经济增长与环境的耦合关系进行解析，常用于环境经济领域以分析环境压力与经济增长之间的联系。DEI 基于弹性概念来衡量脱钩的程度，用于描述一个变量在另一个变量发生变化时的状态[6]，且对基期的选择不敏感[7]。Tapio 脱钩模型已广泛用于讨论经济增长、能源消耗、居民收入、家庭消费支出等经济生活[8-10]，以及能源、建筑和电力等产业发展与碳排关联[11,12]。DEI 提出了 8 种可能的脱钩状态组合，即强脱钩、弱脱钩、隐性脱钩、隐性耦合、强负脱钩、弱负脱钩、扩张负脱钩和扩张耦合，用以详细分析经济增长与生态环境的关系[13]。根据计算，脱钩关系可分为若干类，如表 5-3 所示。

$$\text{DEI} = \frac{\Delta C}{\Delta \text{GS}} = \frac{(C_t - C_0)/C_0}{(\text{GS}_t - \text{GS}_0)/\text{GS}_0} \tag{5-8}$$

式中，DEI 为脱钩弹性系数；ΔC 为 CO_2 排放量增长率；ΔGS 为第二产业生产总值增长率；C_0 为基准年的 CO_2 排放量；C_t 为上一年的 CO_2 排放量；GS_0 为基准年第二产业地区生产总值；GS_t 为上一年第二产业地区生产总值。

表 5-3　脱钩关系分析

脱钩状态(缩写)	ΔC	Δ 地区生产总值	DEI	脱钩状态解释
强脱钩(SD)	<0	>0	<0	CO_2 排放量下降，地区生产总值增长
弱脱钩(WD)	>0	>0	(0,0.8]	CO_2 排放量、地区生产总值均增长，地区生产总值增长略多
隐性脱钩(RD)	<0	<0	>1.2	CO_2 排放量、地区生产总值均下降，CO_2 排放量下降较多

续表

脱钩状态(缩写)	ΔC	Δ 地区生产总值	DEI	脱钩状态解释
隐性耦合(RC)	<0	<0	(0.8,1.2]	CO_2 排放量、地区生产总值均增长
扩张耦合(EC)	>0	>0	(0.8,1.2]	CO_2 排放量、地区生产总值均下降
扩张负脱钩(END)	>0	>0	>1.2	CO_2 排放量、地区生产总值均增长，CO_2 排放量增长略多
强负脱钩(SND)	>0	<0	<0	CO_2 排放量增长，地区生产总值下降
弱负脱钩(WND)	<0	<0	(0,0.8]	CO_2 排放量、地区生产总值均下降，CO_2 排放量下降略少

长治市 2009～2019 年第二产业发展与碳排放脱钩关系如表 5-4 所示。2009～2019 年脱钩关系呈由弱变强趋势，说明随着第二产业生产总值增长，CO_2 排放量逐渐减少，然而 2014～2019 年中出现扩张负脱钩状态，说明产业发展的同时 CO_2 排放量仍然增长，且二氧化碳增长速度高于工业总产值增长速度，长治市在第二产业发展与控制碳排放之间暂时没有取得稳定的平衡关系。

表 5-4　长治市 2009～2019 年第二产业增长率与 CO_2 排放量脱钩关系

年份	脱钩弹性系数	脱钩状态
2009	0.03	弱脱钩
2010	0.11	弱脱钩
2011	0.79	弱脱钩
2012	−0.17	强脱钩
2013	1.32	扩张负脱钩
2014	−3.07	强脱钩
2015	−2.39	强负脱钩
2016	−3.38	强脱钩
2017	1.84	扩张负脱钩
2018	1.41	扩张负脱钩
2019	−0.12	强脱钩

山西省资源型城市工业发展与碳排放脱钩弹性系数如图 5-32 所示，表示 2009～2019 年 7 座资源型城市碳排放与第二产业生产总值脱钩弹性系数和脱钩状态。表现形式为城市碳排放与第二产业发展脱钩状态热力分布，其中热力指数

1～7 分别表示强脱钩、弱脱钩、隐性脱钩、隐性耦合、扩张耦合、扩张负脱钩、强负脱钩，即颜色越深，脱钩状态越靠近强负脱钩。

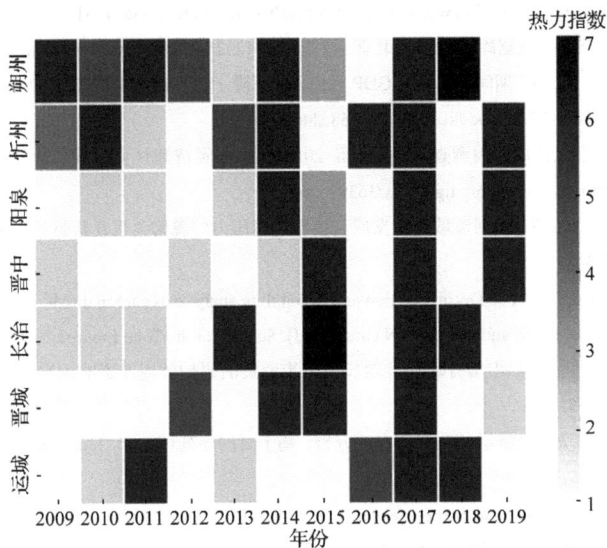

图 5-32 山西省资源型城市脱钩热力图

综上所述，7 座资源型城市脱钩总体上呈波动状态，在时空和空间分布上差异明显。2014 年前多数城市脱钩状态为强脱钩或弱脱钩，2014 年后，负脱钩状态频繁出现，整体脱钩状态向强负脱钩波动，其中，2014 年和 2017 年出现大范围扩张负脱钩状态。2009～2019 年，负脱钩状态向山西省北部集中，朔州与忻州处于负脱钩状态的年份较多，而位于山西中部的阳泉、晋中处于脱钩状态的年份较多。

究其原因，一方面，山西省资源型城市产业转型过程中出现的锁定效应，即城市过去依靠高碳排产业发展，如今在转型过程中难以快速实现对碳排放的控制，产业转型对碳减排的效益并不明显。另一方面，山西省与多个不同产业特色的城市圈相邻，省内不同地区的产业规划与发展趋势有较大差别，晋北地区的产业规划依然以煤炭化工行业为主，因此第二产业尽管处于转型过程中，依然与碳排放有着紧密的关系。

综上，海绵城市建设对碳排放起到碳减排和碳汇两方面的作用。在碳减排方面，海绵城市建设碳减排效果不明显，城市高碳排放特征难以快速扭转。在碳汇方面，海绵项目碳汇效应显著，长治市应着重发力碳汇效应，通过增加绿色空间、改善城市绿化、提高雨水资源化利用率等方式实现"双碳"目标。

参 考 文 献

[1] 长治市住房和城乡建设局. 长治市海绵城市工程设计指南: DB 1404/T 33—2024[S/EB]. 长治: 长治市市场监督

管理局, 2024.

[2] 中国水利企业协会水环境治理分会. 中央财政海绵城市建设示范补助资金 2021 年绩效评价结果[EB/OL]. (2022-03-28)[2025-01-07]. http://shj.cwec.org.cn/index.php?v=show&cid=3&id=1131.

[3] CAEDs 团队. 中国碳核算数据库[EB/OL]. 北京: 清华大学, [2025-01-07]. https://www.ceads.net.cn/.

[4] 山西日报客户端. "十三五"期间全省单位 GDP 能耗累计下降 15.3%[EB/OL]. (2021-09-27)[2025-01-07]. https://news.sina.com.cn/c/2021-09-27/doc-iktzscyx6530758.shtml.

[5] 长治市统计局, 国家统计局长治调查队. 长治市 2019 年国民经济和社会发展统计公报[EB/OL]. (2020-04-26)[2025-01-07]. http://www.tjcn.org/tjgb/04sx/36393.html.

[6] 李思雅, 梁伟, 吕一河, 等. 黄河流域经济发展与生态环境压力的脱钩关系及其驱动效应分析[J]. 生态学报, 2023, 43(13): 5417-5431.

[7] Zhang J, Fan Z J, Chen Y W, et al. Decomposition and decoupling analysis of carbon dioxide emissions from economic growth in the context of China and the ASEAN countries[J]. Science of the Total Environment, 2020, 243: 136649.

[8] 庞军, 梁宇超, 孙可可, 等. 中国省域经济增长与煤炭消费的脱钩效应及影响因素分析[J]. 中国环境科学, 2024, 44(2): 1144-1157.

[9] 张海军. 宁夏能源消费与经济增长关系的实证分析: 基于时间序列模型和 Tapio 脱钩指数法[J]. 中国能源, 2021, 43(10): 72-78.

[10] Yang Y, Jia J, Chen C. Residential energy- related CO_2 emissions in China's less developed regions: A case study of Jiangxi [J]. Sustainability, 2020, 12: 2000.

[11] 孙艳丽, 刘雪媛. 辽宁省建筑业碳排放与经济发展脱钩现象研究[J]. 沈阳建筑大学学报(社会科学版), 2023, 25(4): 361-366.

[12] 夏云峰, 王向前. 中国煤炭行业碳排放和经济发展脱钩研究[J]. 山西能源学院学报, 2022, 35(5): 61-63.

[13] Cheng S, Wang P, Chen B, et al. Decoupling and decomposition analysis of CO_2 emissions from government spending in China[J]. Energy, 2022, 243: 1-15.

第6章 长治市海绵城市建设驱动产业绿色转型的政策体系构建与保障机制

6.1 长治市海绵城市建设与产业绿色转型政策体系

6.1.1 长治市海绵城市建设政策体系

海绵城市建设需要政府和社会力量共同参与，确保其为民所需、为民所用。为实现可持续发展，政策引导和资金激励对社会资本的投资和建设行为进行引导是必要的。海绵城市建设涉及城市规划、审批、建设、监管等环节，项目类型广泛，建设主体多样，因此需要建立健全体制机制。此外，海绵城市建设的效益主要是环境效益和社会效益等间接经济效益，一定的资金激励能提高其经济效益，增强投资方的信心和积极性。

1. 政府主导政策体制机制创新

海绵城市建设过程中，政府是主要推动者和监督者，应逐步构建完善政策法规体系，从法律角度提升海绵城市建设的重要性和公众意识，实现依法治水。海绵城市建设在我国还处于探索阶段，无论是国家还是地方，目前发布的多为指导性文件，住房和城乡建设部印发的相关文件也只在工程技术、绩效考核等方面给予指导，尚未出台强制性法律法规对海绵城市建设进行制度约束。各地按照国家政策精神，结合自身特点，制定了一系列海绵城市建设规范。但是，目前缺乏系统的法律保障，而且法规针对性不强，在实践过程中遇到的很多实际问题不能从现有的规范中得到解决，相关工作的开展仍然存在一定困难。

海绵城市涉及市政建设、环境保护、水资源管理，应结合这三大领域专门制定适应于海绵城市建设的法律依据。海绵城市建设还涉及建筑与小区、园林绿地、城市水系、道路交通等多个领域，又包括城市规划、工程设计、建设实施、管理维护等环节，因此需针对不同领域、不同环节分步制定相应的规范导则，进一步完善和细化相关法规，形成系统的海绵城市建设规范体系。

资源型城市绝大多数都是在长期计划经济体制下发展起来的，主要以国有企业为主。实现政府和企业之间的良好互动与合作，减少城市转型成本，要正确处理二者之间的关系，兼顾双方利益，寻找适当的契合点，消除制度障碍，力求达到全局利益均衡。

2. 政策借鉴国内外雨洪激励措施

国外的海绵城市建设多是雨洪综合管理,如美国的低影响开发(LID)、英国的可持续排水系统(SUDS)、日本的雨水贮留渗透计划等。发达国家于 20 世纪 70 年代开始着手研究雨水管理政策,经过多年的实践与优化,目前政策体系及激励机制已较为全面与完善。我国于 20 世纪 90 年代开始城市雨水利用的研究,经济激励措施相对缺乏。

国外海绵城市建设激励政策,基于私有制经济体制,主要以收费制度为基础,开展收费减免、补贴与奖励等。在我国现阶段经济体制及规划建设管理体制下,暂时无法实现对雨水处理进行收费,各省(自治区、直辖市)、市政府主要采用给予社会投资奖励与补贴的方法对海绵城市建设进行激励。我国海绵城市试点城市激励政策可采取设施面积、项目面积、项目投资金额等激励方式,其中大部分激励政策都设置了奖励上限,且集中在对建设项目业主进行补贴。目前,国内大部分地级市或县级市奖励标准一般为建设成本的 10%~30%,年度总奖励额度为 2000 万~3000 万元,由市财政从专项资金中支付。据调研,大部分试点城市目前尚未落地执行。

6.1.2　长治市产业绿色转型政策体系

1. 把握国家政策导向,促进产业多元发展

资源型城市发展对中国经济可持续发展至关重要,我国已发布多项相关政策。2024 年 7 月,《中共中央　国务院关于加快经济社会发展全面绿色转型的意见》指出,坚持以习近平新时代中国特色社会主义思想为指导,深入贯彻党的二十大和二十届二中、三中全会精神,全面贯彻习近平经济思想、习近平生态文明思想,完整准确全面贯彻新发展理念,加快构建新发展格局,坚定不移走生态优先、节约集约、绿色低碳高质量发展道路,以碳达峰碳中和工作为引领,协同推进降碳、减污、扩绿、增长,深化生态文明体制改革,健全绿色低碳发展机制,加快经济社会发展全面绿色转型,形成节约资源和保护环境的空间格局、产业结构、生产方式、生活方式,全面推进美丽中国建设,加快推进人与自然和谐共生的现代化[1]。

2. 加快政府政策完善,保证转型成功实施

煤炭资源型城市产业转型是一项复杂的系统工程,单靠企业自身是无法实现的,无论是主导产业的发展还是旧产业的退出援助都需要中央与地方政府制定相关政策体系,以保证产业转型的成功实施。煤炭资源型城市产业转型的政策体系如图 6-1 所示。

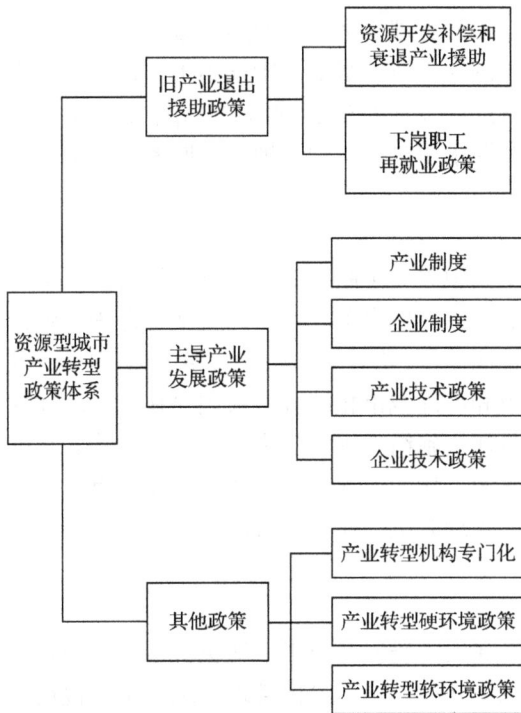

图 6-1　资源型城市产业转型的政策体系

6.2　长治市海绵城市建设与产业绿色转型保障机制

6.2.1　长治市海绵城市建设保障机制

长治市海绵城市建设保障应从资金、法制、体制和技术四方面着手。

1. 资金保障

2015 年开始，中央先后多次补贴资金用于海绵城市的试点建设，海绵城市也越来越成为各省经济建设考察的重要评判指标。然而，根据各省应急管理部门决算，应急资金来源单一，政府拨款占比超过 90%，社会资金未得到充分利用。此外，投入结构不合理，预防性投入不足，缺乏整体规划和衡量标准，财政自给效率低等问题导致应急资金不能发挥最大效用。另外，海绵城市建设需要大量资金支持，但现有财政支出存在缺口，无法满足建设需求。因此，长治市海绵城市建设应更加注重社会资本投入，更大程度发挥资金价值。

2. 法制保障

法制方面可借鉴发达国家经验，颁布明确的项目执行和考核标准，推进韧性海绵城市法制建设，提升管理水平。中原多个省也制定了相关救助条例，但针对性法律尚待健全。美国在《清洁水法》中提出了"最佳管理措施"，德国制定了《屋面雨水利用设施标准》，形成完善的法律体系。此外，要将城市排水体系建设所用的材料、标准和要求用法律明确，地方政府要制定地方性法规进行保障。

3. 体制保障

2020 年，在《中共中央关于制定国民经济和社会发展第十四个五年规划和二〇三五年远景目标的建议》提出了"强化历史文化保护、塑造城市风貌，加强城镇老旧小区改造和社区建设，增强城市防洪排涝能力，建设海绵城市、韧性城市"。这是首次将韧性城市和海绵城市相结合。我国要在城市建设规划中，明确将透水路面、雨水渗沟等具体措施纳入规划中来，大型建筑物必须配备完善的雨水下渗设施，回收利用水资源。韧性海绵城市的建设需要强有力的体系支持，提供政策保障，配备专业化的管理队伍，建立完善的生态防洪体系。

4. 技术保障

目前，国内外都在大力研发新技术来解决城市内涝问题，关于韧性海绵城市的关键技术主要有以下几种：一是最佳管理措施，主要包括工程性措施和非工程性措施两类。工程性措施是指运用人工湿地、渗透滞留池等措施解决内涝污染问题。非工程性措施是指通过合理的规划，普及可持续发展理念等措施增强公众的参与意识。二是低影响开发，指运用合理的场地开发模式对地表径流进行控制，主要有绿色屋顶、透水铺装、生物滞留池和下凹绿地等技术，达到降低地表径流，净化水源和补充地下水资源的作用。三是水敏城市，将城市水循环作为一个整体，统筹考虑供水、雨水、污水、再生水等各个环节，有效协调水生态系统维护、雨洪管理、污染控制和城市发展之间的关系。长治市韧性海绵城市的建设要根据自身特点，采取具体的策略并加以创新，形成完善的城市水文体系。

6.2.2　长治市产业绿色转型保障机制

依据产业绿色转型政策体系建立相对应的保障机制。

1. 旧产业资源开发补偿政策

资源开发补偿机制是指为了节约资源、实现资源型城市可持续发展，在资源开采的不同阶段，通过收取资源补偿费、资源税等资源开发补偿资金，建立一整套补偿措施和扶持办法，支持矿产资源勘探与合理开发，保护和恢复被破坏的地质环境和生态环境，促进资源型城市产业转型。

目前，国有企业控制了我国绝大部分资源的开发，这些国有企业的发展依赖政府的相关政策，其在开发时也未考虑资源开发补偿问题，但是资源开发过程中必然伴随着对环境的破坏，而这些企业的收益只是在国家和企业之间分配。因此，为了煤炭资源型城市的可持续发展，必须考虑建立环境修复的基金，即建立资源开发的补偿政策，将这些企业收益的一部分作为资源开发的补偿金，用来作为环境修复及城市转型发展的启动资金。

2. 衰退产业援助政策

煤炭企业集聚了大量的劳动力，当煤炭产业衰退时，必然面临着失业问题，以及由此带来的社会稳定性问题。因此，从产业层面上看，煤炭资源型城市衰退产业援助机制主要是援助煤炭开采和初加工及配套产业退出，而从企业层面上看，煤炭资源型城市衰退产业援助机制实质上就是援助煤炭资源国有企业退出，即由中央、省(自治区、直辖市)和煤炭资源型城市政府对煤炭资源国有企业的退出提供援助。

衰退产业援助政策涉及以下几个方面：一是援助企业的退出和转产行为。政府可以设立专项援助基金，对从衰退产业退出的企业给予优惠待遇。二是受益企业对退出企业的援助机制。这方面又包括三种类型的措施：一是同行业补偿，主要是留存的受益企业对退出企业的补偿。二是跨行业补偿，主要是受益行业对退出行业企业的补偿。三是衰退行业企业员工失业与再就业政策保障。煤炭资源型城市产业转型最主要的障碍和难题可以说是衰退产业职工的安置问题，目前政府对于这一问题也采取了一些措施。

3. 下岗职工再就业政策保障

煤炭资源产业转型涉及的从业人员众多，且煤炭产业多数从业人员受教育程度低，技能单一，转岗能力差，因此为保证社会安定，煤炭产业转型顺利实施，政府必须制定完善的政策以妥善解决产业转型带来的职工安置问题。煤炭资源型城市的转型必然伴随着劳动力需求结构的变化，原有的劳动力需求结构发生根本性变化，依赖煤炭产业生存的人员会面临失业及再就业等问题。因此，建立产业转型的社会保障体系是必要的。目前，我国资源产业转型社会保障体系主要有养老保险、失业保险、医疗保险、最低生活保障金等。社会保障体系的建立受到当地城镇社会保障发展水平的制约，中央及当地政府在建立社会保障体系时应根据各地社会保障体系建设状况和水平有重点地实施。

4. 产业转型再就业保障

适当提高经济补偿金、安置费的标准。根据中央和地方财政的承受能力，结合当地的工资水平和经济发展水平，适当提高经济补偿金、安置费的标准。将职工安置与产业转型相结合，互相促进，共同解决。在煤炭企业退出时，应抓好产业转型工作，充分发挥各种类型企业的劳动力吸纳能力，积极解决下岗职工的再就业问题。一是煤炭资源型城市产业转型时，应将职工安置与产业转型结合起来，统筹考虑，共同解决。二是地方政府应积极参与职工安置工作，提高接收和安置能力。中央、省(自治区、直辖市)政府应制定优惠政策，减轻地方政府压力，促使其更积极地参与职工安置工作。三是提高下岗失业人员再就业能力。可以建立再就业服务中心，为员工再就业提供信息等综合服务。对下岗失业人员进行再就业培训，提高其技能转岗再就业的能力。

6.3　长治市海绵城市建设与产业发展

6.3.1　长治市海绵城市建设与产业发展相互关系

通过分析长治市发展定位和产业结构，研究海绵城市建设产业转型的耦合关系，海绵城市建设驱动产业转型路径及对环境的影响，得出以下结论：

城市资源环境维度，影响长治市绿色发展的最大短板为人均水资源，其次是城市建设用地面积；山西省最突出的短板依次为人均水资源、城市建设用地面积、污水管道长度和公共供水综合生产能力。社会经济维度，授权发明专利的重要程度显著高于其他要素。

海绵城市与产业转型存在相互影响的耦合关系。①海绵城市对产业转型的影响体现在：海绵城市对水环境的"控源"优化处理会通过推动产业技术升级，海绵城市政策对不同行业产品生产的资源投入配置优化城市能源消耗结构，以及海绵城市政策由政府主导的特殊性质为产业转型进一步加速。②产业转型对海绵城市的影响体现在：产业转型带来的创新活力及推进的低能耗、低资源、低污染化发展的专业化产业将带动海绵城市技术进步。

从促进产业多元化等角度着手，推演出海绵城市建设对产业绿色转型的发展范式：①海绵城市建设树立循环利用资源观：通过改善水环境质量、加强固废处理，促成水资源循环利用，完善循环经济产业链。②使得海绵城市建设推动高新技术与经济开发：建设高新科技产业集群，以及聚焦本土特色产业，提升创新活力，加快产业升级。③海绵城市建设推动生态环境优势利用：以公共资源的合理配置为核心，加快环境治理，关注民生改善。

海绵城市建设对城市环境起到改善作用，但产业高碳特征结构短期扭转存在挑战。海绵城市对产业转型的影响路径为助力矿区沉陷整治—修复区域生态系统，实现区域土地增值—带动城市更新步伐，吸引优质企业人才。能源结构方面，煤品能源消耗不断降低，非化石能源占比逐渐增加，能源结构出现好转。碳排放方面，资源型城市产业转型过程中出现的锁定效应导致长治市碳排放量依然呈波动上升，长治市在第二产业发展与控制碳排放之间暂时没有取得稳定的平衡关系，出现负脱钩趋势。工业碳排放比例高达 80%，工业碳排放中热电占最大比例(50%左右)。海绵城市碳汇作用明显，公园、调蓄湖面、下沉式绿地、透水铺装、人工湿地、绿地等海绵设施固碳 17950830kg/a，公园绿地固碳效果突出。

6.3.2　长治市海绵城市建设与产业发展策略

本章从政策体系构建和保障机制两方面提出一系列策略，政策建议框架如图 6-2 所示。

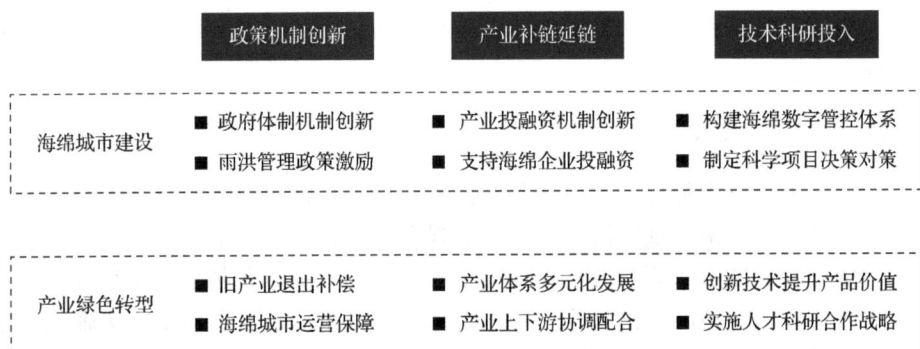

政策机制创新	产业补链延链	技术科研投入
海绵城市建设 ■ 政府体制机制创新 ■ 雨洪管理政策激励	■ 产业投融资机制创新 ■ 支持海绵企业投融资	■ 构建海绵数字管控体系 ■ 制定科学项目决策对策
产业绿色转型 ■ 旧产业退出补偿 ■ 海绵城市运营保障	■ 产业体系多元化发展 ■ 产业上下游协调配合	■ 创新技术提升产品价值 ■ 实施人才科研合作战略

图 6-2　政策建议框架

1. 政策机制创新

在海绵城市建设的政策机制创新方面，政府需强化与企业的协作，实现政府体制机制创新，以保障相关政策得以有效落实。目前，国家及地方层面在海绵城市建设上存在制度约束不足、缺乏系统性法律保障，以及法规针对性欠缺等问题，这在一定程度上阻碍了海绵项目的顺利推进。政府应积极探寻与企业利益的契合点，实施雨洪管理政策激励，扫清政策障碍，实现双方的良性互动，进而达成全局利益的均衡。在保障机制层面，长治市推进海绵城市建设应从资金、法制、体制及技术等多个维度综合发力，积极吸纳社会资本投入，持续健全产业发展保障机制体系，并对优质企业的创新产品予以扶持，推动海绵产业的持续健康发展。

在产业绿色转型的政策机制创新方面，无论是推动主导产业的发展，还是提供旧产业退出补偿，均需要中央与地方政府协同制定并严格执行相关政策措施，以此确保产业转型的平稳落地与成功实施。在海绵城市运营保障方面，针对旧产业，应着重完善企业退出机制以及职工再就业保障措施，如此既能维护社会的和谐稳定，又能为煤炭产业的绿色转型营造良好的环境，助力其顺利推进。

2. 产业补链延链

海绵城市建设需聚焦于资金投入与技术创新,着力推进产业投融资机制创新,支持海绵企业投融资。对于成熟型资源城市的企业而言,民营企业尤为突出,普遍存在资金和科研积累不足的问题,在进行产业链延伸的过程中,资金短缺和技术落后成为制约其发展的关键因素。因此,建立健全投融资机制、加强与地方高校或科研院所的合作,推进海绵产品的技术创新,成为解决该问题的关键路径。

产业绿色转型应聚焦于产业体系多元化发展与产业上下游协调配合。对于成熟型资源型城市来说,应充分整合资源,强化产业上下游协调配合,致力于构建完善的产业链并加速向多元化产业体系转型。在此过程中,特别需要大力支持高新技术企业和服务业的发展,积极培育战略性新兴产业,以实现产业升级和可持续发展。

3. 技术科研投入

海绵城市建设需强化对建设效果的监测评估,构建海绵数字管控体系,并制定科学项目决策对策。现阶段,应着重加强海绵设施的监测工作,持续优化评价与维护体系,定期引入第三方机构开展专业监测和维护。在制定相关政策与措施时,需充分考虑当地的气候特征、降水规律、土壤条件及生态环境,实施差异化策略,并进一步细化各类控制指标,以确保海绵城市建设的精准性和实效性。

产业绿色转型中,科技创新是关键驱动力。通过实施人才科研合作战略,加强与多方科研机构的合作,以此攻克技术难题,通过创新技术提升产品价值。在产业布局与结构调整的过程中,科技创新的投入至关重要。借鉴其他成功转型城市的宝贵经验,长治市应深化与高等院校、科研院所的合作,实施人才科研合作战略,紧密围绕本地产业转型的战略方向,精心布局科技创新链。积极打造科技成果的引进、消化吸收及再创新平台,从而推动经济社会发展动力的高效转换。

参 考 文 献

[1] 中共中央　国务院. 中共中央　国务院关于加快经济社会发展全面绿色转型的意见[EB/OL]. (2024-07-31)[2025-01-07]. https://www.gov.cn/gongbao/2024/issue_11546/202408/content_6970974.html.

附录 A

表 A-1 长治市主城区黄土地层湿陷性相关参数统计数据

编号	场地名称	湿陷系数 δ_s	平均湿陷系数	场地湿陷量/mm	场地湿陷等级(国家标准)	场地湿陷等级(地方标准)	地下水位/m
1	宝佳瑞景花园一期	0.019~0.084	0.021	202.2	I	II	6.3~7.2
2	保利和光尘樾小区	0.018~0.021	0.195	34.6	I	I	5.8~6.7
3	国和苑彩印小区	0.015~0.072	0.046	402.8	II	III	7.8
4	德馨佳苑住宅楼	0.015~0.046	0.035	176.1	I	II	7.5
5	顶秀山居小区	0.022~0.091	0.055	318.5	II	II	8.8~9.6
6	飞龙小区	0.067~0.118	0.073	188.6	II	III	4.9~5.5
7	府西泽苑小区	—	—	—	I	—	3.4
8	附城村城中村改造安置房	0.074	0.074	111.0	I	I	未揭露
9	富力尚悦居-C区	0.034~0.060	0.043	115.5	I	II	8.4~8.5
10	高铁片区朝阳村改造项目	0.018~0.067	0.035	403.9	II	III	未揭露
11	和平医院家属区	0.027~0.068	0.041	205.9	I	II	3.9~4.0
12	火炬中学操场改扩建工程	0.039	0.039	70.2	I	I	4.1~4.2
13	金城名邸小区	0.030~0.052	0.043	301.2	II	II	5.1
14	久安瑞华苑三期	0.018~0.060	0.038	274.8	II	III	未揭露
15	均和悦府	0.016~0.096	0.047	688.6	II	III	8.7
16	国和苑开元小区	—	—	—	—	—	5.7
17	乐活城市花园	0.018~0.070	0.042	314.2	II	II	5.3~5.5
18	梁家庄村城中村改造安置房	0.001~0.053	0.031	156.6	I	II	7.8~7.95
19	粮食公寓	0.016~0.065	0.038	268.6	II	II	7.1~7.15
20	龙溪苑小区	0.022~0.110	0.091	742.3	III	IV	未揭露
21	米家庄城中村改造项目二期安置房	0.021~0.038	0.030	19.0	I	—	7.2~8.2
22	城南生态苑广场	0.016~0.086	0.044	178.3	I	II	3.90~4.65
23	欧亚小镇	0.019~0.076	0.046	333.1	II	III	9.0~9.5

编号	场地名称	湿陷系数 δ_s	平均湿陷系数	场地湿陷量/mm	场地湿陷等级(国家标准)	场地湿陷等级(地方标准)	地下水位/m
24	人民公园	0.037~0.051	0.043	205.3	II	III	2.3
25	容海苑小区	0.024~0.060	0.042	210.6	I	II	5.0
26	实验中学新建操场工程	0.015~0.026	0.021	115.8	I	I	5.4~5.6
27	世纪春天小区	0.017~0.040	0.024	93.1	I	II	5.2~5.4
28	天晚集棚户区改造项目	0.020~0.062	0.037	243.6	I	II	6.8~9.8
29	天晚集小区	0.017~0.101	0.050	416.9	II	III	9.3~9.4
30	维特小区	0.027~0.048	0.038	128.7	I	I	3.9
31	文化馆建设项目	0.051	0.051	—	—	—	—
32	滨湖文旅服务中心	0.040~0.086	0.062	379.3	II	III	未揭露
33	梧桐郡小区	0.040	0.040	42.0	I	I	3.3~3.5
34	物资局小区	0.023~0.111	0.059	377.2	II	III	1.8
35	小神村城中村改造安置房	0.028~0.065	0.049	289.9	I	II	7.5~11.9
36	颐龙湾小区	0.019~0.110	0.067	526.4	II	III	3.8~6.5
37	英华片区老旧小区	0.020~0.068	0.042	153.9	I	II	3.6~4.5
38	御泽花园小区	—	—	—	I	—	6.9~8.0
39	云璟兰庭小区	0.020~0.050	0.040	204.5	II	II	5.9~6.3
40	漳沂安置房	0.029~0.064	0.046	283.4	II	II	8.7~9.0
41	长丰片区棚户区改造项目	0.020	0.020	10.0	I	I	8.0
42	长治市第八中学	0.024~0.061	0.046	—	I	—	2.0
43	长治市第十六中学	0.024~0.061	0.046	190.5	I	II	4.4~4.6
44	合富紫珑府小区	0.022~0.064	0.040	319.2	II	III	未揭露

注：国家标准指《湿陷性黄土地区建筑标准》(GB 50025—2018)，地方标准指《湿陷性黄土场地勘察及地基处理技术规范》(DBJ04/T 312—2015)。

附录 B

表 B-1 50 个区域内主要建筑及其分布特征

区域编号	区域建筑名称(建筑类型)
1	沁芳盛世小区(19 层, 共 30 栋, 小高层建筑), 漳泽村(自建房), 佳和小区(6 层, 多层建筑), 长治市潞州中学(体育北路学校, 多层建筑)
2	小辛庄村(自建房), 中森嘉院(高层建筑), 合富璟园(14 层, 小高层建筑), 金源悦府(12 层, 3.1m 层高, 小高层建筑), 立讯精密工业有限公司(多层建筑), 康宝集团(多层建筑), 长治市潞州区住房和城乡建设局(多层建筑), 长治市中天汽车综合检测有限公司(多层建筑)
3	长治市综合检验检测中心(多层建筑), 精英时代城(多层建筑), 长治市公安局潞州分局(多层建筑), 朗润公馆(多层建筑), 长治市郑瑞石化有限公司(多层建筑)
4	赵凹村(自建房), 启东瑞锦(多层建筑+高层建筑), 启东商贸城(多层建筑+厂房), 梦华小区(7 层, 多层建筑)
5	关村汽贸城(单层建筑), 山西华尔绿源科技有限公司(多层建筑), 长治市诚进建材有限公司(厂房), 安德建材(多层建筑), 长治建安地基处理公司(多层建筑)
6	山西省(长治)中药材交易市场(多层建筑), 关村(自建房), 长治市潞州区高铁中学(多层建筑), 长治市心理康复医院(多层建筑), 西北舜天建设有限公司(多层建筑)
7	泽馨苑(10 层、16 层、30 层、32 层, 小高层建筑+高层建筑), 圣鑫园(27 层, 高层建筑), 大辛庄村(自建房), 长治市体育中心(多层建筑), 润泽知园(14 层, 小高层建筑), 锦福苑(18 层、21 层, 小高层建筑+高层建筑), 世纪花园(21 层, 高层建筑)
8	复兴花园(6 层、7 层, 多层建筑), 关杜庄村(自建房), 中池联华电子科技产业园(多层建筑+厂房), 兴化小区(6 层, 多层建筑), 金潞苑(13 层、15 层, 小高层建筑), 金都苑(15 层, 小高层建筑), 中天嘉苑小区(6 层, 多层建筑), 永盛·锦鑫苑(6 层, 多层建筑), 7080 城小区(12 层, 小高层建筑)
9	鹿家庄村(占比 1/2, 自建房), 鹿港国际城(14 层, 小高层建筑), 凯旋花园(21 层, 高层建筑), 沁芳苑(12 层, 小高层建筑), 长治市实验中学(多层建筑)
10	世纪春天-东区(6 层, 多层建筑), 裕景苑(6 层, 多层建筑), 裕丰花苑(6 层, 多层建筑), 潞鼎 9 号院(5 层, 多层建筑), 容海苑(5~7 层, 多层建筑), 裕丰东区(6 层, 高层建筑), 长治市容海学校(多层建筑), 万达广场(多层建筑), 盛德世家(8 层、9 层、15 层, 小高层建筑), 星海假日(7 层, 多层建筑), 长治职业技术学院(北校区)(多层建筑)
11	顶秀悦麓小区(17 栋 12 层, 小高层建筑), 顶秀山居小区(12 层、13 层、19 层, 小高层建筑), 关村小区(多层建筑), 山西农业大学谷子研究所及其家属院(多层建筑), 科馨苑(7 层, 多层建筑), 顺兴花苑(15 层, 小高层建筑)
12	潞州区实验小学(多层建筑), 关村(自建房), 关村康乐苑小区(6 层, 多层建筑), 关村苗圃小区(7 层, 多层建筑)

区域编号	区域建筑名称(建筑类型)
13	御泽花园(21层, 高层建筑), 潞泽嘉园(18层、21层, 小高层建筑+高层建筑), 御泽嘉园(21层, 高层建筑), 御景佳园(12层、17层, 小高层建筑), 颐圣苑(6层, 多层建筑), 世纪嘉园(20层、21层, 小高层建筑+高层建筑), 长治市火炬中学(多层建筑), 双创梦工厂(多层建筑), 双子大厦(30层, 高层建筑), 锦绣花苑(高层建筑), 凤凰城(18层、20层, 小高层建筑)
14	府秀江南(10层、12层、13层, 小高层建筑), 华苑一区、华苑南二区、华苑东区、华苑北区(7层、9层、12层、13层、16层, 多层建筑+小高层建筑), 佳美绿洲(7层、12层, 多层建筑+小高层建筑), 君汇华府(11~15层, 小高层建筑), 飞龙小区(6层、7层, 多层建筑), 捉马村(自建房), 防爆集团广场西小区(6层, 多层建筑), 防爆东区家属院、防爆西区家属院(6层, 多层建筑), 长治第十二中学(多层建筑)
15	捉马村、景家庄(自建房), 长治学院、山西机电职业技术学院、长治学院附属太行中学、长治市太行职业中专(多层建筑), 维特小区(6层, 多层建筑), 电力西苑(6层, 多层建筑), 海飞小区、电力北小区(6层, 多层建筑), 富华小区(6层, 多层建筑), 军民小区(5层, 多层建筑), 华阳小区(6层, 多层建筑), 德馨园(5层, 多层建筑), 潞鼎庄园(6层, 多层建筑)
16	漳沂村、柏后村(自建房), 长治医学院附属和济医院(多层建筑), 景新花园(26层, 高层建筑), 柏后新区(15层, 小高层建筑), 益康小区(11层, 小高层建筑), 依山锦绣小区(13层, 小高层建筑)
17	庄里村、山门村(自建房), 澳瑞特小区(6层, 多层建筑), 富尔顿庄园(3层、4层, 多层建筑), 山门小区(6层, 多层建筑), 东城嘉苑(5层, 多层建筑)
18	蒋村、暴马村、关社村、屈家庄村、邱村(自建房), 紫坊凯丰物贸园区(自建房), 会展中心(多层建筑), 新闻大楼(100m内, 高层建筑), 政务大厅(高层建筑), 保利·和光尘樾(32层, 高层建筑)
19	紫坊村(自建房), 和平里·上座(19层、27层、33层, 小高层建筑+高层建筑), 紫金领秀(18层, 小高层建筑), 丽景花园(16层, 小高层建筑), 枫丹丽苑(25层, 高层建筑), 长丰苑(17层, 小高层建筑)
20	角沿村(自建房), 角沿新花苑小区(6层, 多层建筑), 潞鼎国际金融中心(17层、22层, 小高层建筑+高层建筑), 潞州区法院广场小区(7层, 多层建筑), 城建局家属院(5层, 多层建筑), 城区政府广场西小区, 和合人家(高层建筑)
21	电力南苑(7层, 多层建筑), 公交小区, 建安小区(6层, 多层建筑), 永盛苑(12层, 小高层建筑), 轻工小区(6层, 多层建筑), 久安大厦, 地税局家属院(6层, 多层建筑), 长治市实验小学(多层建筑), 健乐幼儿园(多层建筑), 滨河幼儿园(多层建筑)
22	柏后村(自建房), 康园小区(5层、6层, 多层建筑), 桐景花园(17层, 小高层建筑), 柏后馨怡小区(6层, 多层建筑), 帝景苑(16层, 小高层建筑), 锦泰苑(18层, 小高层建筑), 福熙苑(15层、17层, 小高层建筑), 滨河物贸商城(自建房、多层建筑), 长治市养老服务中心
23	久安·瑞华苑(5层, 多层建筑), 二龙山村(自建房), 神农云海苑(3~5层, 多层建筑), 颐嘉花园(5层, 多层建筑), 金龙小区(5层, 多层建筑)
24	紫坊农产品市场(厂房), 紫苑新城(12层, 小高层建筑), 长治汽车客运中心(多层建筑), 林溪九里(8层、17层、25层, 小高层建筑+高层建筑), 广电小区(5层, 多层建筑), 华泰宾馆(6层, 多层建筑), 长治市规划和自然资源局(8层, 多层建筑)、林业局(多层建筑), 紫坊家具城

续表

区域编号	区域建筑名称(建筑类型)
25	府西泽苑(8层、17层、23层, 小高层建筑+高层建筑), 角沿村(自建房), 物资小区(6层, 多层建筑), 建安小区(6层, 多层建筑), 长治市第七中学(多层建筑), 都市名家(8层, 小高层建筑), 长运东家属院(5层), 长运西家属院(多层建筑), 回化厂家属院(6层, 多层建筑), 金鑫瓜果批发市场(厂房), 百货市场(厂房), 潞州剧院(厂房)
26	紫金花园(6层, 多层建筑), 市委家属院(4层, 多层建筑), 城市生活家(6层, 多层建筑), 帝豪天成(18层左右, 小高层建筑), 常新苑(6层, 多层建筑), 东营小区(6层, 多层建筑), 北城街住宅小区(6层, 多层建筑), 紫金公馆(高层建筑), 公路局家属院(6层, 多层建筑), 新华后街二巷(自建房)
27	滨河城上城(高层建筑), 桃花街小区(17层, 小高层建筑), 永盛紫金苑(高层建筑), 东山国际(高层建筑), 锦绣桃园(高层建筑), 桃园村(自建房), 科技园物流园(厂房)
28	东景雅苑小区(6层, 多层建筑), 河头小区(7层, 多层建筑), 4328厂小区(6层, 多层建筑), 金口小区(6层, 多层建筑), 金口村(自建房), 河头村(自建房)
29	七里坡村、南寨村、小庄村、崔漳村、塬西庄村(自建房), 安运物流、长治供销储运有限公司(厂房)
30	世纪颐龙湾、潞安颐龙湾(高层建筑), 跃进巷、富康街(自建房)
31	瓦窑沟东四巷(自建房), 矿机家属院(6层, 多层建筑), 建华西巷(自建房), 长轴南北苑(6层, 老旧, 多层建筑), 乐活城市花园(6层, 老旧, 多层建筑), 长子门村(自建房)
32	阔郊村、姜井凹村(自建房), 梅辉坡小区(6层, 多层建筑), 金碧园六府苑(高层建筑)
33	市一运住宅区(6层, 多层建筑), 乐苑小区(6层, 多层建筑), 八一家苑南区(6层, 多层建筑), 金色嘉园(6层, 多层建筑), 安古巷、园丁公寓(6层, 多层建筑), 炉坊小区南区(7层, 多层建筑), 长治市地委家属院(4层和6层, 多层建筑), 演武住宅小区(6层, 多层建筑), 晋苑住宅小区(5层或6层, 多层建筑)
34	御林家园(高层建筑), 安康苑(13层, 小高层建筑) 新民装饰城(厂房), 东关小区(7层或8层, 多层建筑), 祥和小区、永翔小区(2层, 自建房), 潞赛达花苑(6层, 多层建筑), 东方世家(16层, 小高层建筑), 北石槽村(自建房)
35	合富紫珑府(11层, 小高层建筑), 壶口小区北区(6层, 多层建筑), 壶口村、小罗村、西长井村(自建房)
36	塬南庄村、塬北庄村(自建房), 鹰联物流、钢材市场(厂房), 宝佳瑞景花园(高层建筑)
37	长子门长新巷(自建房), 山西金构装饰有限公司、满意建材(厂房), 龙港新城小区(17层、22层、28层, 小高层建筑+高层建筑)
38	西南城巷、南营巷、开元一巷(自建房), 西南关新苑(15层, 小高层建筑), 代代红小区(6层, 多层建筑), 晋翔小区(6层, 多层建筑), 城南国际花园(25层、28层、32层, 高层建筑), 南关小区(5层, 多层建筑), 公园2016(26层, 高层建筑)
39	莲家巷、华东三巷、五马街北一巷(自建房), 粮油公司家属院(6层, 多层建筑), 淮海七院(7层, 多层建筑), 淮海五居委九院(6层, 多层建筑)
40	新民小区(6层, 多层建筑), 枫林和平花园(33层, 高层建筑)
41	南石槽村(自建房)

区域编号	区域建筑名称(建筑类型)
42	善园五期小区(22~26 层，高层建筑)，均和悦府(14~26 层，小高层建筑+高层建筑)，针漳村、郝家庄村、北郭村(自建房)
43	龙港新城 2 期(高层建筑)
44	宋家庄村(自建房)，君汇活力城(29 层，高层建筑)，寨子村(自建房)
45	富力尚悦居(30~34 层，高层建筑)，淮海八院(6 层，多层建筑)，清华西花园(4 层、6 层，多层建筑)，淮海电厂小区(8 层、11 层，小高层建筑)，淮海十院(6 层，多层建筑)，淮海十一院(6 层，多层建筑)，清华北区东西苑(4 层、6 层，多层建筑)，清华南区(6 层，多层建筑)，清华东花园(11 层、18 层、22 层、25 层，小高层建筑+高层建筑)
46	山西成功汽车配件有限公司(厂房)，喜峰村(自建房)
47	东山美居(7 层，多层建筑)，岭南御花苑(6 层，多层建筑)，塔岭新区(6 层，多层建筑)
48	秦家庄村、北董村(自建房)，山西中德管业有限公司、高科光电(厂房)，惠丰花园区(6 层，多层建筑)，惠丰一院、惠丰二十四院、惠丰二十五院、惠丰九院(6 层，多层建筑)
49	焦家庄村(自建房)，中山绿色小区(6 层，多层建筑)，润丰家园小区(12 层，小高层建筑)，淮海工业集团(占地最大)
50	龙溪苑(6 层、14 层、17 层，多层建筑+小高层建筑)，北山头小区(6 层，多层建筑)，北山头村、中山头村、南山头村(自建房)

表 B-2　不同区域雨量等级与入渗历时阈值

区域编号	区域边界道路	建筑类型	雨量等级与入渗历时阈值	场地湿陷等级	风险预警等级
1	滨湖大道、西环路(太焦线)、北环西街	①	大暴雨 48h	I	I
		②	大暴雨 48h		
		③	大暴雨 48h		
		⑤	大暴雨 48h、暴雨 48h		
2	西环路(太焦线)、威远门北路、北环西街	①	大暴雨 48h	I	I
		②	大暴雨 48h		
		⑤	大暴雨 48h、暴雨 48h		
3	威远门北路、英雄路、北环西街	②	大暴雨 48h	I	I
4	英雄路、潞阳大道、北环东街	①	大暴雨 48h	I	I
		④	大暴雨 48h		
		⑤	大暴雨 48h、暴雨 48h		
5	潞阳大道、东环路、北环东街	①	大暴雨 48h	I	I
		④	大暴雨 48h		

续表

区域编号	区域边界道路	建筑类型	雨量等级与入渗历时阈值	场地湿陷等级	风险预警等级
6	东环路、北环东街	①	大暴雨48h、暴雨48h	II	II
		⑤	大暴雨24h、大暴雨48h、暴雨48h		
7	滨湖大道、北环西街、西环路、迎宾大道	①	大暴雨48h	I	I
		②	大暴雨48h		
		③	大暴雨48h		
		⑤	大暴雨48h、暴雨48h		
8	西环路、北环西街、威远门北路、捉马西大街	①	大暴雨48h	I	I
		②	大暴雨48h		
9	威远门北路、北环西街、英雄北路、捉马西大街	②	大暴雨48h	I	I
		③	大暴雨48h		
		⑤	大暴雨48h、暴雨48h		
10	英雄北路、北环东街、潞阳门北路、捉马东大街	①	大暴雨48h	I	I
11	潞阳门北路、北环东街、东环路、捉马东大街	①	大暴雨48h、暴雨48h	II	II
		②	大暴雨48h、暴雨48h		
		⑤	大暴雨24h、大暴雨48h、暴雨48h		
12	东环路、北环东街、捉马东大街	①	大暴雨48h、暴雨48h	II	II
		⑤	大暴雨24h、大暴雨48h、暴雨48h		
13	西环路、捉马西大街、威远门北路、太行西街	①	大暴雨48h	I	I
		②	大暴雨48h		
		③	大暴雨48h		
14	威远门北路、捉马西大街、英雄北路、太行西街	①	大暴雨48h、暴雨48h	II	II
		②	大暴雨48h、暴雨48h		
		⑤	大暴雨24h、大暴雨48h、暴雨48h		
15	英雄北路、捉马东大街、潞阳门北路、太行东街	①	大暴雨48h	I	I
		⑤	大暴雨48h、暴雨48h		
16	潞阳门北路、捉马东大街、东环路、太行东街	①	大暴雨48h	I	I
		②	大暴雨48h		
		③	大暴雨48h		
		⑤	大暴雨48h、暴雨48h		

续表

区域编号	区域边界道路	建筑类型	雨量等级与入渗历时阈值	场地湿陷等级	风险预警等级
17	东环路、捉马东大街、太行东街	①	大暴雨48h、暴雨48h	II	II
		⑤	大暴雨24h、大暴雨48h、暴雨48h		
18	迎宾大道(太行西街)、西环路、府后西街	③	大暴雨48h	I	I
		④	大暴雨48h		
		⑤	大暴雨48h、暴雨48h		
19	西环路、太行西街、威远门中路、紫金西街	③	大暴雨48h、暴雨48h	II	II
		④	大暴雨48h、暴雨48h		
		⑤	大暴雨24h、大暴雨48h、暴雨48h		
20	威远门中路、太行西街、英雄中路、紫金西街	①	大暴雨48h、暴雨48h	II	II
		②	大暴雨48h、暴雨48h		
		⑤	大暴雨24h、大暴雨48h、暴雨48h		
21	英雄中路、太行东街、潞阳门中路、紫金东街	①	大暴雨48h	I	I
		②	大暴雨48h		
22	潞阳门中路、太行东街、东环路、紫金东街	①	大暴雨48h、暴雨48h	II	II
		②	大暴雨48h、暴雨48h		
		⑤	大暴雨24h、大暴雨48h、暴雨48h		
23	东环路、太行东街、紫金东街	①	大暴雨48h、暴雨48h	II	II
		⑤	大暴雨24h、大暴雨48h、暴雨48h		
24	西环路、紫金西街、威远门中路、府后西街	①	大暴雨48h、暴雨48h	II	I
		②	大暴雨48h、暴雨48h		
		④	大暴雨48h、暴雨48h		
25	威远门中路、紫金西街、英雄中路、府后西街	①	大暴雨48h、暴雨48h	II	II
		②	大暴雨48h、暴雨48h		
		⑤	大暴雨24h、大暴雨48h、暴雨48h		
26	英雄中路、紫金东街、潞阳门中路、府后东街	①	大暴雨48h、暴雨48h	II	II
		②	大暴雨48h、暴雨48h		
		⑤	大暴雨24h、大暴雨48h、暴雨48h		

续表

区域编号	区域边界道路	建筑类型	雨量等级与入渗历时阈值	场地湿陷等级	风险预警等级
27	潞阳门中路、紫金东街、东环路、府后东街	③	大暴雨 48h、暴雨 48h	II	II
		④	大暴雨 48h、暴雨 48h		
		⑤	大暴雨 24h、大暴雨 48h、暴雨 48h		
28	东环路、紫金东街、太行山脉、府后东街	①	大暴雨 48h、暴雨 48h	II	II
		⑤	大暴雨 24h、大暴雨 48h、暴雨 48h		
29	府后西街、站前路、五针街	④	大暴雨 48h	I	I
		⑤	大暴雨 48h、暴雨 48h		
30	站前路、府后西街、西环路、解放西街	②	大暴雨 48h	I	I
		③	大暴雨 48h		
		⑤	大暴雨 48h、暴雨 48h		
31	西环路、府后西街、威远门中路、威远门南路、解放西街	①	大暴雨 48h、暴雨 48h	II	II
		⑤	大暴雨 24h、大暴雨 48h、暴雨 48h		
32	威远门中路、威远门南路、府后西街、英雄中路、解放西街	①	大暴雨 48h、暴雨 48h	II	II
		⑤	大暴雨 24h、大暴雨 48h、暴雨 48h		
33	英雄中路、府后东街、潞阳门中路、解放东街	①	大暴雨 48h	I	I
34	潞阳门中路、府后东街、东环路、解放东街	②	大暴雨 48h、暴雨 48h	II	II
		④	大暴雨 48h、暴雨 48h		
		⑤	大暴雨 24h、大暴雨 48h、暴雨 48h		
35	东环路、府后东街、太行山脉、乌海线	①	大暴雨 48h、暴雨 48h	II	II
		②	大暴雨 48h、暴雨 48h		
		⑤	大暴雨 24h、大暴雨 48h、暴雨 48h		
36	太焦线、解放西街、西环路、五针街	③	大暴雨 48h	I	I
		④	大暴雨 48h		
		⑤	大暴雨 48h、暴雨 48h		

区域编号	区域边界道路	建筑类型	雨量等级与入渗历时阈值	场地湿陷等级	风险预警等级
37	西环路、解放西街、威远门路、五针街	④	大暴雨 48h	I	I
		⑤	大暴雨 48h、暴雨 48h		
38	威远门路、解放西街、英雄南路、五针街	①	大暴雨 48h、暴雨 48h	II	II
		②	大暴雨 48h、暴雨 48h		
		③	大暴雨 48h、暴雨 48h		
		⑤	大暴雨 24h、大暴雨 48h、暴雨 48h		
39	英雄南路、解放东街、潞阳门南路、淮海街	①	大暴雨 48h	I	I
		⑤	大暴雨 48h、暴雨 48h		
40	潞阳门南路、解放东街、东环路	①	大暴雨 48h、暴雨 48h	II	I
		③	大暴雨 48h、暴雨 48h		
41	东环路、乌海线、太行山脉	⑤	大雨 48h、大暴雨 24h、大暴雨 48h、暴雨 48h	III	III
42	五针街、二浙线、太岳西大街左延长	③	大暴雨 48h、暴雨 48h	II	II
		⑤	大暴雨 24h、大暴雨 48h、暴雨 48h		
43	二浙线、五针街、威远门路、太岳西大街	②	大暴雨 48h	I	I
		③	大暴雨 48h		
44	威远门路、五针街、英雄南路、太岳西大街	③	大暴雨 48h	I	I
		⑤	大暴雨 48h、暴雨 48h		
45	英雄南路、淮海街、太岳东大街、潞阳门南路	①	大暴雨 48h	I	I
		③	大暴雨 48h		
46	潞阳门南路、东环路、太岳东大街	④	大暴雨 48h、暴雨 48h	II	II
		⑤	大暴雨 24h、大暴雨 48h、暴雨 48h		
47	东环路、太行山脉，太岳东大街	①	大暴雨 48h、暴雨 48h	III	I
48	英雄南路、太岳东大街、丰祥路、南环东街	①	大暴雨 48h、暴雨 48h	II	II
		④	大暴雨 48h、暴雨 48h		
		⑤	大暴雨 24h、大暴雨 48h、暴雨 48h		

区域编号	区域边界道路	建筑类型	雨量等级与入渗历时阈值	场地湿陷等级	风险预警等级
49	丰祥路、太岳东大街、东环路、南环东街	①	大暴雨48h、暴雨48h	II	II
		⑤	大暴雨24h、大暴雨48h、暴雨48h		
50	东环路、太行山脉、太岳东大街(南环东街右延长)	①	大暴雨48h、暴雨48h	III	III
		②	大暴雨24h、大暴雨48h、暴雨48h		
		⑤	大雨48h、大暴雨24h、大暴雨48h、暴雨48h		

注：表中①、②、③、④、⑤分别表示多层建筑、小高层建筑、高层建筑、厂房、自建房五类建筑。